Why?

사고력도 탄탄! 창

수학 일등의 지름길 「기탄사고력수학」

♛ **단계별·능력별 프로그램식 학습지입니다**

유아부터 초등학교 6학년까지 각 단계별로 4~6권씩 총 52권으로 구성되었으며, 처음 시작할 때 나이와 학년에 관계없이 능력별 수준에 맞추어 학습하는 프로그램식 학습지입니다.

♛ **사고력·창의력을 키워 주는 수학 학습지입니다**

다양한 사고 단계를 거쳐 문제 해결력을 높여 주며, 개념과 원리를 이해하도록 하여 수학적 사고력을 키워 줍니다. 또 수학적 사고를 바탕으로 스스로 생각하고 깨닫는 창의력을 키워 줍니다.

♛ **유아 과정은 물론 초등학교 수학의 전 영역을 골고루 학습합니다**

운필력, 공간 지각력, 수 개념 등 유아 과정부터 시작하여, 초등학교 과정인 수와 연산, 도형 등 수학의 전 영역을 골고루 다루어, 자녀들의 수학적 사고의 폭을 넓히는 데 큰 도움을 줍니다.

♛ **학습 지도 가이드와 다양한 학습 성취도 평가 자료를 수록했습니다**

매주, 매달, 매 단계마다 학습 목표에 따른 지도 내용과 지도 요점, 완벽한 해설을 제공하여 학부모님께서 쉽게 지도하실 수 있습니다. 창의력 문제와 수학 경시 대회 예상 문제를 단계별로 수록, 수학 실력을 완성시켜 줍니다.

♛ **과학적 학습 분량으로 공부하는 습관이 몸에 배입니다**

하루 10~20분 정도의 과학적 학습량으로 공부에 싫증을 느끼지 않게 하고, 학습에 자신감을 가지도록 하였습니다. 매일 일정 시간 꾸준하게 공부하도록 하면, 시키지 않아도 공부하는 습관이 몸에 배게 됩니다.

What?

「기탄사고력수학」은
체계적이고 장기적인 프로그램으로
꾸준히 학습하면 반드시 성적으로 보답합니다

✿ 스몰 스텝(Small Step)방식으로 꾸준히 학습하면 성적이 올라갑니다

「기탄사고력수학」은 단순히 문제만 나열한 문제집이 아닙니다. 체계적이고 장기적인 학습프로그램을 통해 수학적 사고력과 창의력을 완성시켜 주는 스몰 스텝(Small Step)방식으로 꾸준히 학습하면 반드시 성적이 올라갑니다.

✿ 하루 3장, 10~20분씩 규칙적으로 학습하게 하세요

매일 일정 시간에 일정한 학습량을 꾸준히 재미있게 해야만 학습효과를 높일 수 있습니다. 주별로 분철하기 쉽게 제본되어 있으니, 교재를 구입하시면 먼저 분철하여 일주일 학습 분량만 자녀들에게 나누어 주세요. 그래야만 아이들이 학습 성취감과 자신감을 가질 수 있습니다.

✿ 자녀들의 수준에 알맞은 교재를 선택하세요

〈기탄사고력수학〉은 유아에서 초등학교 6학년까지, 나이와 학년에 관계없이 학습 난이도별로 자신의 능력에 맞는 단계를 선택하여 시작하는 능력별 교재입니다. 그러나 자녀의 수준보다 1~2단계 낮춘 교재부터 시작하면 학습에 더욱 자신감을 갖게 되어 효과적입니다.

교재 구분	교재 구성	대 상
A단계 교재	1, 2, 3, 4집	4세 ~ 5세 아동
B단계 교재	1, 2, 3, 4집	5세 ~ 6세 아동
C단계 교재	1, 2, 3, 4집	6세 ~ 7세 아동
D단계 교재	1, 2, 3, 4집	7세 ~ 초등학교 1학년
E단계 교재	1, 2, 3, 4, 5, 6집	초등학교 1학년
F단계 교재	1, 2, 3, 4, 5, 6집	초등학교 2학년
G단계 교재	1, 2, 3, 4, 5, 6집	초등학교 3학년
H단계 교재	1, 2, 3, 4, 5, 6집	초등학교 4학년
I단계 교재	1, 2, 3, 4, 5, 6집	초등학교 5학년
J단계 교재	1, 2, 3, 4, 5, 6집	초등학교 6학년

「기탄사고력수학」으로 수학 성적 올리는 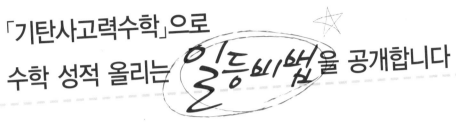을 공개합니다

※ 문제를 먼저 풀어 주지 마세요

기탄사고력수학은 직관(전체 감지)을 논리(이론과 구체 연결)로 발전시켜 답을 구하도록 구성되었습니다. 쉽게 문제를 풀지 못하더라도 노력하는 과정에서 더 많은 것을 얻을 수 있으니, 약간의 힌트 외에는 자녀가 스스로 끝까지 문제를 풀어 나갈 수 있도록 격려해 주세요.

※ 교재는 이렇게 활용하세요

먼저 자녀들의 능력에 맞는 교재를 선택하세요. 그리고 일주일 분량씩 분철하여 매일 3장씩 풀 수 있도록 해 주세요. 한꺼번에 많은 양의 교재를 주시면 어린이가 부담을 느껴서 학습을 미루거나 포기하기 쉽습니다. 적당한 양을 매일매일 학습하도록 하여 수학 공부하는 재미를 느낄 수 있도록 해 주세요.

※ 교재 학습 과정을 꼭 지켜 주세요

한 주 학습이 끝날 때마다 창의력 문제와 경시 대회 예상 문제를 꼭 풀고 넘어가도록 해 주시고, 한 권(한 달 과정)이 끝나면 성취도 테스트와 종료 테스트를 통해 스스로 실력을 가늠해 볼 수 있도록 도와 주세요. 문제를 다 풀면 반드시 해답지를 이용하여 정확하게 채점해 주시고, 틀린 문제를 체크해 놓았다가 다음에는 확실히 풀 수 있도록 지도해 주세요.

※ 자녀의 학습 관리를 게을리 하지 마세요

수학적 사고는 하루 아침에 생겨나는 것이 아닙니다. 날마다 꾸준히 규칙적으로 학습해 나갈 때에만 비로소 수학적 사고의 기틀이 마련되는 것입니다. 교육은 사랑입니다. 자녀가 학습한 부분을 어머니께서 꼭 확인하시면서 사랑으로 돌봐 주세요. 부모님의 관심 속에서 자란 아이들만이 성적 향상은 물론 이 사회에서 꼭 필요한 인격체로 성장해 나갈 수 있다는 것도 잊지 마세요.

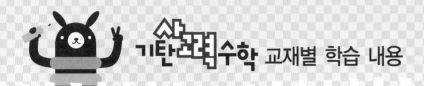

기탄교력수학 교재별 학습 내용

단계 교재

A - ❶ 교재

나와 가족에 대하여 알기
바른 행동 알기
다양한 선 그리기
다양한 사물 색칠하기
○△□ 알기
똑같은 것 찾기
빠진 것 찾기
종류가 같은 것과 다른 것 찾기
관찰력, 논리력, 사고력 키우기

A - ❷ 교재

필요한 물건 찾기
관계 있는 것 찾기
다양한 기준에 따라 분류하기
(종류, 용도, 모양, 색깔, 재질, 계절, 성질 등)
두 가지 기준에 따라 분류하기
다섯까지 세기
변별력 키우기
미로 통과하기

A - ❸ 교재

다양한 기준으로 비교하기
(길이, 높이, 양, 무게, 크기, 두께, 넓이, 속도, 깊이 등)
시간의 순서 비교하기
반대 개념 알기
3까지의 숫자 배우기
그림 퍼즐 맞추기
미로 통과하기

A - ❹ 교재

최상급 개념 알기
다양한 기준으로 순서 짓기 (크기, 시간, 길이, 두께 등)
네 가지 이상 비교하기
이중 서열 알기
ABAB, ABCABC의 규칙성 알기
다양한 규칙 이해하기
부분과 전체 알기
5까지의 숫자 배우기
일대일 대응, 일대다 대응 알기
미로 통과하기

단계 교재

B - ❶ 교재

열까지 세기
9까지의 숫자 배우기
사물의 기본 모양 알기
모양 구성하기
모양 나누기와 합치기
같은 모양, 짝이 되는 모양 찾기
위치 개념 알기 (위, 아래, 앞, 뒤)
위치 파악하기

B - ❷ 교재

9까지의 수량, 수 단어, 숫자 연결하기
구체물을 이용한 수 익히기
반구체물을 이용한 수 익히기
위치 개념 알기 (안, 밖, 왼쪽, 가운데, 오른쪽)
다양한 위치 개념 알기
시간 개념 알기 (낮, 밤)
구체물을 이용한 수와 양의 개념 알기
(같다, 많다, 적다)

B - ❸ 교재

순서대로 숫자 쓰기
거꾸로 숫자 쓰기
1 큰 수와 2 큰 수 알기
1 작은 수와 2 작은 수 알기
반구체물을 이용한 수와 양의 개념 알기
보존 개념 익히기
여러 가지 단위 배우기

B - ❹ 교재

순서수 알기
사물의 입체 모양 알기
입체 모양 나누기
두 수의 크기 비교하기
여러 수의 크기 비교하기
0의 개념 알기
0부터 9까지의 수 익히기

단계 교재

C - ❶ 교재	C - ❷ 교재
구체물을 통한 수 가르기 반구체물을 통한 수 가르기 숫자를 도입한 수 가르기 구체물을 통한 수 모으기 반구체물을 통한 수 모으기 숫자를 도입한 수 모으기	수 가르기와 모으기 여러 가지 방법으로 수 가르기 수 모으고 다시 수 가르기 수 가르고 다시 수 모으기 더해 보기 세로로 더해 보기 빼 보기 세로로 빼 보기 더해 보기와 빼 보기 바꾸어서 셈하기

C - ❸ 교재	C - ❹ 교재
길이 측정하기 높이 측정하기 넓이 측정하기 크기 측정하기 둘레 측정하기 무게 측정하기 부피 측정하기 들이 측정하기 활동 시간 알아보기 시간의 순서 알아보기 여러 가지 측정하기	열 개 열 개 만들어 보기 열 개 묶어 보기 자리 알아보기 수 '10' 알아보기 10의 크기 알아보기 더하여 10이 되는 수 알아보기 열다섯까지 세어 보기 스물까지 세어 보기

단계 교재

D - ❶ 교재	D - ❷ 교재
수 11~20 알기 11~20까지의 수 알기 30까지의 수 알아보기 자릿값을 이용하여 30까지의 수 나타내기 40까지의 수 알아보기 자릿값을 이용하여 40까지의 수 나타내기 자릿값을 이용하여 50까지의 수 나타내기 50까지의 수 알아보기	상자 모양, 공 모양, 둥근기둥 모양 알아보기 공간 위치 알아보기 입체도형으로 모양 만들기 여러 방향에서 본 모습 관찰하기 평면도형 알아보기 선대칭 모양 알아보기 모양 만들기와 탱그램

D - ❸ 교재	D - ❹ 교재
덧셈 이해하기 10이 되는 더하기 여러 가지로 더해 보기 덧셈 익히기 뺄셈 이해하기 10에서 빼기 여러 가지로 빼 보기 뺄셈 익히기	조사하여 기록하기 그래프의 이해 그래프의 활용 분수의 이해 시간 느끼기 사건의 순서 알기 소요 시간 알아보기 달력 보기 시계 보기 활동한 시간 알기

기탄교력수학 교재별 학습 내용

단계 교재

E - ❶ 교재	E - ❷ 교재	E - ❸ 교재
사물의 개수를 세어 보고 1, 2, 3, 4, 5 알아보기 0의 개념과 0~5까지의 수의 순서 알기 하나 더 많다, 적다의 개념 알기 두 수의 크기 비교하기 사물의 개수를 세어 보고 6, 7, 8, 9 알아보기 0~9까지의 수의 순서 알기 하나 더 많다, 적다의 개념 알기 두 수의 크기 비교하기 여러 가지 모양 알아보기, 찾아보기, 만들어 보기 규칙 찾기	두 수로 가르기 두 수를 모으기 가르기와 모으기 덧셈식 알아보기 뺄셈식 알아보기 길이 비교해 보기 높이 비교해 보기 들이 비교해 보기 무게 비교해 보기 넓이 비교해 보기	수 10(십) 알아보기 19까지의 수 알아보기 몇십과 몇십 몇 알아보기 물건의 수 세기 50까지 수의 순서 알아보기 두 수의 크기 비교하기 분류하기 분류하여 세어 보기
E - ❹ 교재	**E - ❺ 교재**	**E - ❻ 교재**
수 60, 70, 80, 90 99까지의 수 수의 순서 두 수의 크기 비교 여러 가지 모양 알아보기, 찾아보기 여러 가지 모양 만들기, 그리기 규칙 찾기 10을 두 수로 가르기 10이 되도록 두 수를 모으기	10이 되는 더하기 10에서 빼기 세 수의 덧셈과 뺄셈 (몇십)+(몇), (몇십 몇)+(몇), (몇십 몇)+(몇십 몇) (몇십 몇)-(몇), (몇십 몇)-(몇십 몇) 긴바늘, 짧은바늘 알아보기 몇 시 알아보기 몇 시 30분 알아보기	세 수의 덧셈 받아올림이 있는 (몇)+(몇) 받아내림이 있는 (십 몇)-(몇) 세 수의 계산 덧셈식, 뺄셈식 만들기 □가 있는 덧셈식, 뺄셈식 만들기 여러 가지 방법으로 해결하기

단계 교재

F - ❶ 교재	F - ❷ 교재	F - ❸ 교재
백(100)과 몇백(200, 300, ……)의 개념 이해 세 자리 수와 뛰어 세기의 이해 세 자리 수의 크기 비교 받아올림이 있는 (두 자리 수)+(한 자리 수)의 계산 받아내림이 있는 (두 자리 수)-(한 자리 수)의 계산 세 수의 덧셈과 뺄셈 선분과 직선의 차이 이해 사각형, 삼각형, 원 등의 여러 가지 모양 쌓기나무로 똑같이 쌓아 보고 여러 가지 모양 만들기 배열 순서에 따라 규칙 찾아내기	받아올림이 있는 (두 자리 수)+(두 자리 수)의 계산 받아내림이 있는 (두 자리 수)-(두 자리 수)의 계산 여러 가지 방법으로 계산하고 세 수의 혼합 계산 길이 비교와 단위길이의 비교 길이의 단위(cm) 알기 길이 재기와 길이 어림하기 어떤 수를 □로 나타내기 덧셈식·뺄셈식에서 □의 값 구하기 어떤 수를 구하는 식 만들기 식에 알맞은 문제 만들기	시각 읽기 시각과 시간의 차이 알기 하루의 시간 알기 달력을 보며 1년 알기 몇 시 몇 분 전 알기 반 시간 알기 묶어 세기 몇 배 알아보기 더하기를 곱하기로 나타내기 덧셈식과 곱셈식으로 나타내기
F - ❹ 교재	**F - ❺ 교재**	**F - ❻ 교재**
2~9의 단 곱셈구구 익히기 1의 단 곱셈구구와 0의 곱 곱셈표에서 규칙 찾기 받아올림이 없는 세 자리 수의 덧셈 받아내림이 없는 세 자리 수의 뺄셈 여러 가지 방법으로 계산하기 미터(m)와 센티미터(cm) 길이 재기 길이 어림하기 길이의 합과 차	받아올림이 있는 세 자리 수의 덧셈 받아내림이 있는 세 자리 수의 뺄셈 여러 가지 방법으로 덧셈·뺄셈하기 세 수의 혼합 계산 똑같이 나누기 전체와 부분의 크기 분수의 쓰기와 읽기 분수만큼 색칠하고 분수로 나타내기 표와 그래프로 나타내기 조사하여 표와 그래프로 나타내기	□가 있는 곱셈식을 만들어 문제 해결하기 규칙을 찾아 문제 해결하기 거꾸로 생각하여 문제 해결하기

G – ❶ 교재	G – ❷ 교재	G – ❸ 교재
1000의 개념 알기 몇천, 네 자리 수 알기 수의 자릿값 알기 뛰어 세기, 두 수의 크기 비교 세 자리 수의 덧셈 덧셈의 여러 가지 방법 세 자리 수의 뺄셈 뺄셈의 여러 가지 방법 각과 직각의 이해 직각삼각형, 직사각형, 정사각형의 이해	똑같이 묶어 덜어 내기와 똑같게 나누기 나눗셈의 몫 곱셈과 나눗셈의 관계 나눗셈의 몫을 구하는 방법 나눗셈의 세로 형식 곱셈을 활용하여 나눗셈의 몫 구하기 평면도형 밀기, 뒤집기, 돌리기 평면도형 뒤집고 돌리기 (몇십)×(몇)의 계산 (두 자리 수)×(한 자리 수)의 계산	분수만큼 알기와 분수로 나타내기 몇 개인지 알기 분수의 크기 비교 mm 단위를 알기와 mm 단위까지 길이 재기 km 단위를 알기 km, m, cm, mm의 단위가 있는 길이의 합과 차 구하기 시각과 시간의 개념 알기 1초의 개념 알기 시간의 합과 차 구하기

G – ❹ 교재	G – ❺ 교재	G – ❻ 교재
(네 자리 수)+(세 자리 수) (네 자리 수)+(네 자리 수) (네 자리 수)–(세 자리 수) (네 자리 수)–(네 자리 수) 세 수의 덧셈과 뺄셈 (세 자리 수)×(한 자리 수) (몇십)×(몇십) / (두 자리 수)×(몇십) (두 자리 수)×(두 자리 수) 원의 중심과 반지름 / 그리기 / 지름 / 성질	(몇십)÷(몇) 내림이 없는 (몇십 몇)÷(몇) 나눗셈의 몫과 나머지 나눗셈식의 검산 / (몇십 몇)÷(몇) 들이 / 들이의 단위 들이의 어림하기와 합과 차 무게 / 무게의 단위 무게의 어림하기와 합과 차 0.1 / 소수 알아보기 소수의 크기 비교하기	막대그래프 막대그래프 그리기 그림그래프 그림그래프 그리기 알맞은 그래프로 나타내기 규칙을 정해 무늬 꾸미기 규칙을 찾아 문제 해결 표를 만들어서 문제 해결 예상과 확인으로 문제 해결

단계 교재

H – ❶ 교재	H – ❷ 교재	H – ❸ 교재
만 / 다섯 자리 수 / 십만, 백만, 천만 억 / 조 / 큰 수 뛰어서 세기 두 수의 크기 비교 100, 1000, 10000, 몇백, 몇천의 곱 (세,네 자리 수)×(두 자리 수) 세 수의 곱셈 / 몇십으로 나누기 (두,세 자리 수)÷(두 자리 수) 각의 크기 / 각 그리기 / 각도의 합과 차 삼각형의 세 각의 크기의 합 사각형의 네 각의 크기의 합	이등변삼각형 / 이등변삼각형의 성질 정삼각형 / 예각과 둔각 예각삼각형 / 둔각삼각형 덧셈, 뺄셈 또는 곱셈, 나눗셈이 섞여 있는 혼합 계산 덧셈, 뺄셈, 곱셈, 나눗셈이 섞여 있는 혼합 계산 ( ), { }가 있는 혼합 계산 분수와 진분수 / 가분수와 대분수 대분수를 가분수로, 가분수를 대분수로 나타내기 분모가 같은 분수의 크기 비교	소수 소수 두 자리 수 소수 세 자리 수 소수 사이의 관계 소수의 크기 비교 규칙을 찾아 수로 나타내기 규칙을 찾아 글로 나타내기 새로운 무늬 만들기

H – ❹ 교재	H – ❺ 교재	H – ❻ 교재
분모가 같은 진분수의 덧셈 분모가 같은 대분수의 덧셈 분모가 같은 진분수의 뺄셈 분모가 같은 대분수의 뺄셈 분모가 같은 대분수와 진분수의 덧셈과 뺄셈 소수의 덧셈 / 소수의 뺄셈 수직과 수선 / 수선 긋기 평행선 / 평행선 긋기 평행선 사이의 거리	사다리꼴 / 평행사변형 / 마름모 직사각형과 정사각형의 성질 다각형과 정다각형 / 대각선 여러 가지 모양 만들기 여러 가지 모양으로 덮기 직사각형과 정사각형의 둘레 1cm² / 직사각형과 정사각형의 넓이 여러 가지 도형의 넓이 이상과 이하 / 초과와 미만 / 수의 범위 올림과 버림 / 반올림 / 어림의 활용	꺾은선그래프 꺾은선그래프 그리기 물결선을 사용한 꺾은선그래프 물결선을 사용한 꺾은선그래프 그리기 알맞은 그래프로 나타내기 꺾은선그래프의 활용 두 수 사이의 관계 두 수 사이의 관계를 식으로 나타내기 문제를 해결하고 풀이 과정을 설명하기

단계 교재

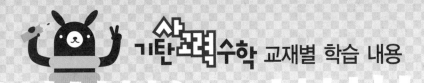

기탄교력수학 교재별 학습 내용

단계 교재

I - ❶ 교재

약수 / 배수 / 배수와 약수의 관계
공약수와 최대공약수
공배수와 최소공배수
크기가 같은 분수 알기
크기가 같은 분수 만들기
분수의 약분 / 분수의 통분
분수의 크기 비교 / 진분수의 덧셈
대분수의 덧셈 / 진분수의 뺄셈
대분수의 뺄셈 / 세 분수의 덧셈과 뺄셈

I - ❷ 교재

세 분수의 덧셈과 뺄셈
(진분수)×(자연수) / (대분수)×(자연수)
(자연수)×(진분수) / (자연수)×(대분수)
(단위분수)×(단위분수)
(진분수)×(진분수) / (대분수)×(대분수)
세 분수의 곱셈 / 합동인 도형의 성질
합동인 삼각형 그리기
면, 모서리, 꼭짓점
직육면체와 정육면체
직육면체의 성질 / 겨냥도 / 전개도

I - ❸ 교재

평행사변형의 넓이
삼각형의 넓이
사다리꼴의 넓이
마름모의 넓이
넓이의 단위 m^2, a
넓이의 단위 ha, km^2
넓이의 단위 관계
무게의 단위

I - ❹ 교재

분수와 소수의 관계
분수를 소수로, 소수를 분수로 나타내기
분수와 소수의 크기 비교
1÷(자연수)를 곱셈으로 나타내기
(자연수)÷(자연수)를 곱셈으로 나타내기
(진분수)÷(자연수) / (가분수)÷(자연수)
(대분수)÷(자연수)
분수와 자연수의 혼합 계산
선대칭도형/선대칭의 위치에 있는 도형
점대칭도형/점대칭의 위치에 있는 도형

I - ❺ 교재

(소수)×(자연수) / (자연수)×(소수)
곱의 소수점의 위치
(소수)×(소수)
소수의 곱셈
(소수)÷(자연수)
(자연수)÷(자연수)
줄기와 잎 그림
그림그래프
평균
자료를 그래프로 나타내고 설명하기

I - ❻ 교재

두 수의 크기 비교
비율
백분율
할푼리
실제로 해 보기와 표 만들기
그림 그리기와 식 만들기
예상하고 확인하기와 표 만들기
실제로 해 보기와 규칙 찾기

단계 교재

J - ❶ 교재

(자연수)÷(단위분수)
분모가 같은 진분수끼리의 나눗셈
분모가 다른 진분수끼리의 나눗셈
(자연수)÷(진분수) / 대분수의 나눗셈
분수의 나눗셈 활용하기
소수의 나눗셈 / (자연수)÷(소수)
소수의 나눗셈에서 나머지
반올림한 몫
입체도형과 각기둥 / 각뿔
각기둥의 전개도 / 각뿔의 전개도

J - ❷ 교재

쌓기나무의 개수
쌓기나무의 각 자리, 각 층별로 나누어
개수 구하기
규칙 찾기
쌓기나무로 만든 것, 여러 가지 입체도형,
여러 가지 생활 속 건축물의 위, 앞, 옆
에서 본 모양
원주와 원주율 / 원의 넓이
띠그래프 알기 / 띠그래프 그리기
원그래프 알기 / 원그래프 그리기

J - ❸ 교재

비례식
비의 성질
가장 작은 자연수의 비로 나타내기
비례식의 성질
비례식의 활용
연비
두 비의 관계를 연비로 나타내기
연비의 성질
비례배분
연비로 비례배분

J - ❹ 교재

(소수)÷(분수) / (분수)÷(소수)
분수와 소수의 혼합 계산
원기둥 / 원기둥의 전개도
원뿔
회전체 / 회전체의 단면
직육면체와 정육면체의 겉넓이
부피의 비교 / 부피의 단위
직육면체와 정육면체의 부피
부피의 큰 단위
부피와 들이 사이의 관계

J - ❺ 교재

원기둥의 겉넓이
원기둥의 부피
경우의 수
순서가 있는 경우의 수
여러 가지 경우의 수
확률
미지수를 x로 나타내기
등식 알기 / 방정식 알기
등식의 성질을 이용하여 방정식 풀기
방정식의 활용

J - ❻ 교재

두 수 사이의 대응 관계 / 정비례
정비례를 활용하여 생활 문제 해결하기
반비례
반비례를 활용하여 생활 문제 해결하기
그림을 그리거나 식을 세워 문제 해결하기
거꾸로 생각하거나 식을 세워 문제 해결하기
표를 작성하거나 예상과 확인을 통하여
문제 해결하기
여러 가지 방법으로 문제 해결하기
새로운 문제를 만들어 풀어 보기

기탄고력수학

사고력도 탄탄! 창의력도 탄탄!

E5

.. 🐤 E241a ~ E255b

 ## 학습 관리표

학습 내용		이번 주는?

10을 가르기와 모으기 ②	·10이 되는 더하기
	·10에서 빼기
	·창의력 학습
	·경시 대회 예상 문제
		• 학습 방법 : ① 매일매일 ② 가끔 ③ 한꺼번에
		  하였습니다.
		• 학습 태도 : ① 스스로 잘 ② 시켜서 억지로
		  하였습니다.
		• 학습 흥미 : ① 재미있게 ② 싫증내며
		  하였습니다.
		• 교재 내용 : ① 적합하다고 ② 어렵다고 ③ 쉽다고
		  하였습니다.

지도 교사가 부모님께		부모님이 지도 교사께
평가	Ⓐ 아주 잘함 Ⓑ 잘함 Ⓒ 보통 Ⓓ 부족함	

원(교)   반   이름   전화

G 기탄교육
기초부터 탄탄하게

www.gitan.co.kr / (02)586-1007(대)

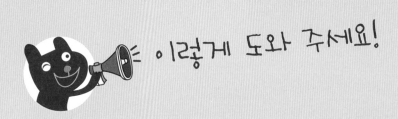

● 학습 목표
- 10이 되는 더하기를 하고 덧셈식으로 나타낼 수 있다.
- 10에서 빼기를 하고 뺄셈식으로 나타낼 수 있다.

● 지도 내용
- 구체물의 조작을 통하여 두 수의 합을 구하게 한다.
- 합이 10이 되도록 더하는 조작 활동으로 두 수를 알고 덧셈식으로 나타내게 한다.
- 수직선을 통하여 합이 10이 되는 경우의 두 수를 알고 덧셈식으로 나타내게 한다.
- 구체물의 조작을 통하여 10에서 몇을 빼고 남는 것을 구하게 한다.
- 10에서 몇을 빼는 조작 활동으로 두 수의 차를 구하고 뺄셈식으로 나타내게 한다.
- 수직선을 통하여 10에서 몇을 빼고 남는 수를 구한 다음 뺄셈식으로 나타내게 한다.

● 지도 요점
구체물의 조작을 통하여 합이 10이 되는 덧셈과 10에서 몇을 빼는 뺄셈을 배우도록 합니다.

먼저 합이 10이 되는 조작 활동으로 두 수의 합이 10이 되는 덧셈을 이해하게 한 후 덧셈식을 쓰게 하고, 수로 나타낸 덧셈식에서 합을 구하게 합니다.

또, 10에서 몇을 빼는 조작 활동으로 남는 것을 구하게 하여 뺄셈을 이해하게 한 후 뺄셈식을 쓰게 합니다. 이러한 뺄셈을 이해한 후, 수로 나타낸 10에서 몇을 빼는 뺄셈식에서 차를 구하게 합니다. 즉, 구체물의 조작 활동으로 합이 10이 되는 덧셈과 10에서 몇을 빼는 뺄셈을 이해하게 한 후, 수식으로 제시된 덧셈과 뺄셈 문제를 해결할 수 있도록 합니다.

피가수, 가수, 피감수, 감수 대신에 더하여지는 수, 더하는 수, 빼어지는 수, 빼는 수라는 말로 지도합니다.

★ 이름 :

★ 날짜 :

★ 시간 :   시   분 ~   시   분

확인

◆ 10이 되는 더하기

• 사탕은 모두 몇 개입니까?

6+4=10
사탕은 모두 10개입니다.
6 더하기 4는 10과 같습니다.

다음 그림을 보고 □ 안에 알맞은 수를 써넣으시오.(1~3)

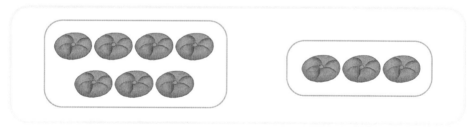

1 덧셈식 : 7+3 = □

2 과자는 모두 □ 개입니다.

3 읽기 : 7 더하기 3은 □ 과 같습니다.

👻 다음 그림을 보고 덧셈을 하고 덧셈식을 읽어 보시오.(4~6)

4
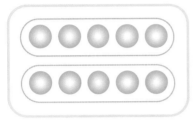

$5+5=$ ☐

5 더하기 5는 ☐ 과 같습니다.

5

$8+2=$ ☐

8 더하기 2는 ☐ 과 같습니다.

6
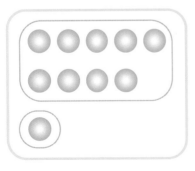

$9+1=$ ☐

9 더하기 1은 ☐ 과 같습니다.

사고력 학습

✿ 이름 :

✿ 날짜 :

✿ 시간 :   시   분 ~   시   분

확인

🐸 다음 그림을 보고 덧셈을 하고 덧셈식을 읽어 보시오.(1~4)

1

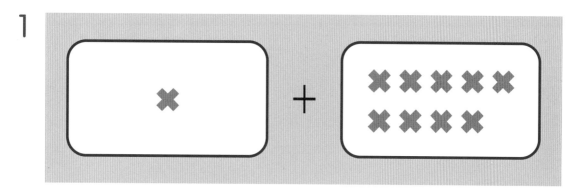

$1 + 9 =$ ☐

1 더하기 9는 ☐ 과 같습니다.

2

$4 +$ ☐ $= 10$

4 더하기 ☐ 은 10과 같습니다.

사고력 학습

3

$3+\boxed{}=10$

3 더하기 $\boxed{}$ 은 $\boxed{}$ 과 같습니다.

4

$2+\boxed{}=10$

2 더하기 $\boxed{}$ 은 $\boxed{}$ 과 같습니다.

✿이름 :

✿날짜 :

✿시간 :   시   분 ~   시   분

확인

🐸 다음 그림을 보고 □ 안에 알맞은 수를 써넣으시오.(1~8)

1
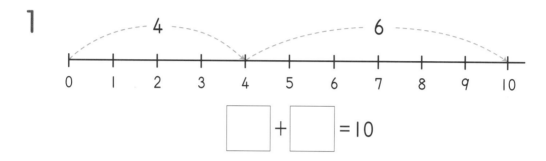

$$\boxed{} + \boxed{} = 10$$

2
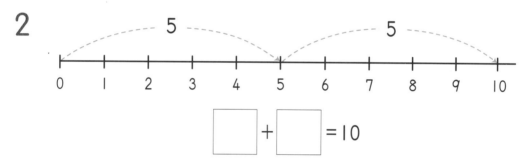

$$\boxed{} + \boxed{} = 10$$

3
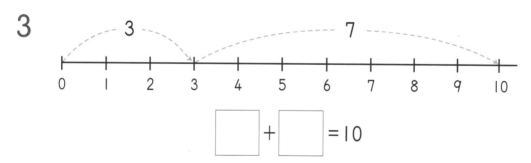

$$\boxed{} + \boxed{} = 10$$

4
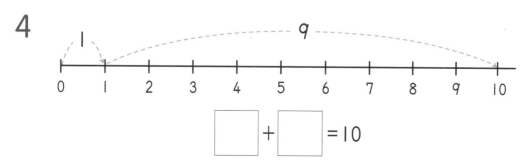

$$\boxed{} + \boxed{} = 10$$

5

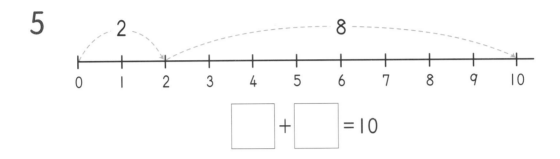

$$\boxed{} + \boxed{} = 10$$

6

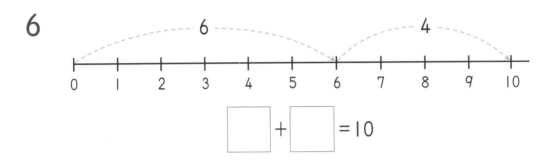

$$\boxed{} + \boxed{} = 10$$

7

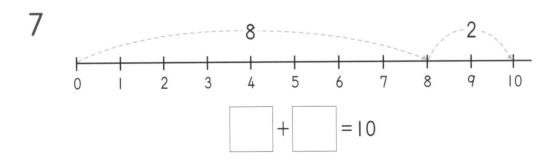

$$\boxed{} + \boxed{} = 10$$

8

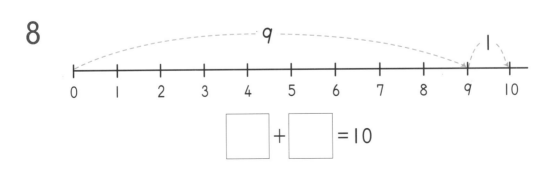

$$\boxed{} + \boxed{} = 10$$

E-244a

★ 이름 :

★ 날짜 :

★ 시간 :　　시　　분 ~　　시　　분

확인

🐸 다음 그림을 보고 ☐ 안에 알맞은 수를 써넣으시오.(1~8)

1

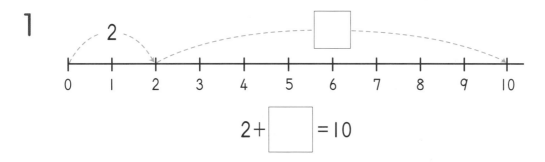

$$2 + \boxed{} = 10$$

2

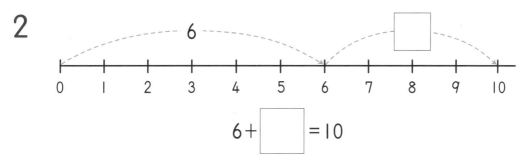

$$6 + \boxed{} = 10$$

3

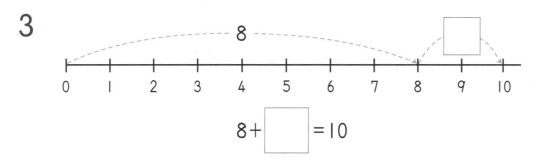

$$8 + \boxed{} = 10$$

4

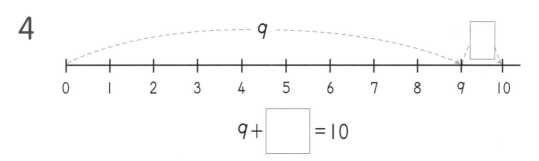

$$9 + \boxed{} = 10$$

사고력 학습

5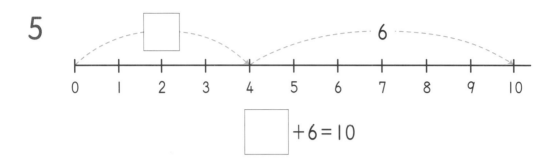

$\boxed{} + 6 = 10$

6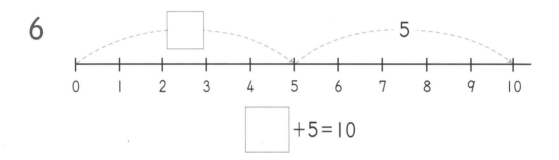

$\boxed{} + 5 = 10$

7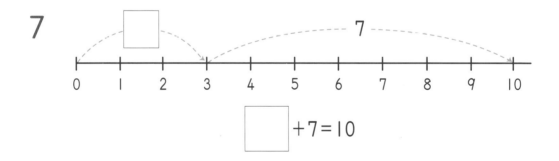

$\boxed{} + 7 = 10$

8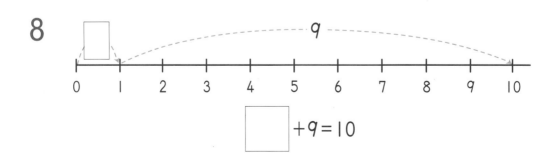

$\boxed{} + 9 = 10$

✿ 이름 :

✿ 날짜 :

✿ 시간 :　시　분 ～　시　분

확인

🐸 다음 그림을 보고 덧셈을 하시오.(1~6)

1

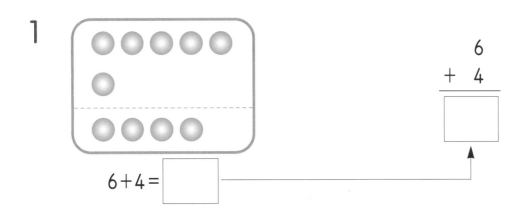

$$\begin{array}{r} 6 \\ + 4 \\ \hline \end{array}$$

6 + 4 = ☐

2

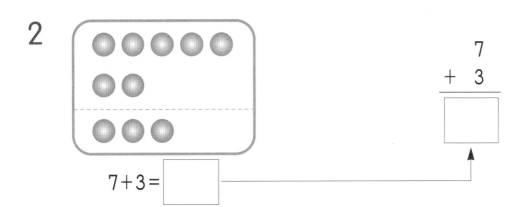

$$\begin{array}{r} 7 \\ + 3 \\ \hline \end{array}$$

7 + 3 = ☐

3

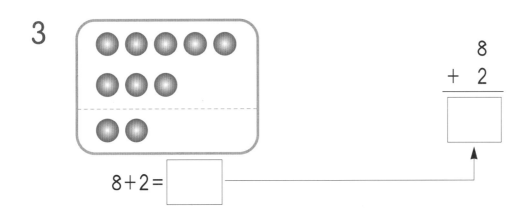

$$\begin{array}{r} 8 \\ + 2 \\ \hline \end{array}$$

8 + 2 = ☐

4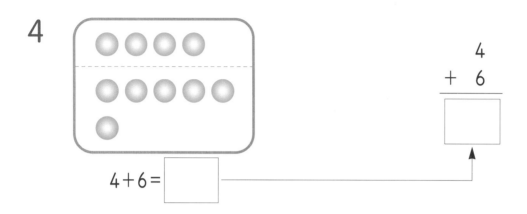

$$\begin{array}{r} 4 \\ + \ 6 \\ \hline \end{array}$$

$4+6 = \boxed{}$

5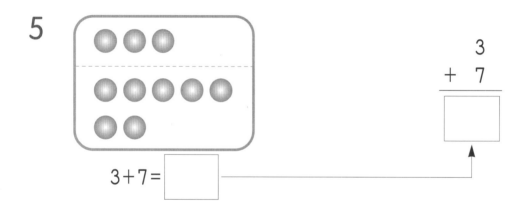

$$\begin{array}{r} 3 \\ + \ 7 \\ \hline \end{array}$$

$3+7 = \boxed{}$

6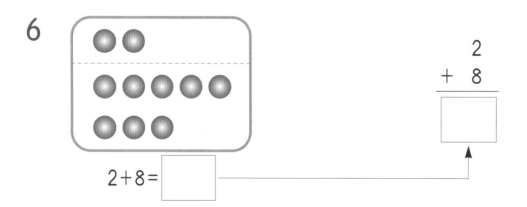

$$\begin{array}{r} 2 \\ + \ 8 \\ \hline \end{array}$$

$2+8 = \boxed{}$

♣ 이름 :

♣ 날짜 :

♣ 시간 :　　시　　분 ~　　시　　분

확인

🐸 다음 ☐ 안에 알맞은 수를 써넣으시오.(1~5)

1　5+5= ☐

```
    5
+   5
─────
```
☐

2　6+4= ☐

```
    6
+   4
─────
```
☐

3　3+7= ☐

```
    3
+   7
─────
```
☐

4　8+2= ☐

```
    8
+   2
─────
```
☐

5　1+9= ☐

```
    1
+   9
─────
```
☐

사고력 학습

E-246b

다음 ☐ 안에 알맞은 수를 써넣으시오.(6~15)

6 3+ ☐ =10

7 ☐ +8=10

8 9+ ☐ =10

9 ☐ +5=10

10 4+ ☐ =10

11 ☐ +1=10

12 6+ ☐ =10

13 ☐ +7=10

14 2+ ☐ =10

15 ☐ +0=10

사고력 학습

✿ 이름 :

✿ 날짜 :

✿ 시간 : 시   분 ~ 시   분

◆ 10에서 빼기

• 사탕은 몇 개 남았습니까?

$$10 - 4 = 6$$

사탕은 **6**개 남았습니다.

10 빼기 **4**는 **6**과 같습니다.

🐸 다음 그림을 보고 ☐ 안에 알맞은 수를 써넣으시오.(1~3)

1 뺄셈식 : 10 − 3 = ☐

2 과자는 ☐ 개 남았습니다.

3 읽기 : 10 빼기 3은 ☐ 과 같습니다.

사고력 학습

👻 다음 그림을 보고 뺄셈을 하고 뺄셈식을 읽어 보시오.(4~6)

4

$10-2=$ ⬜

10 빼기 2는 ⬜ 과 같습니다.

5

$10-7=$ ⬜

10 빼기 7은 ⬜ 과 같습니다.

6

$10-8=$ ⬜

10 빼기 8은 ⬜ 와 같습니다.

✿ 이름 :

✿ 날짜 :

✿ 시간 :　　시　　분 ~　　시　　분

확인

🐸 다음 그림을 보고 뺄셈을 하고 뺄셈식을 읽어 보시오.(1~3)

1

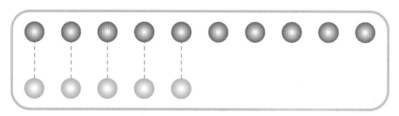

10 - 5 = ☐ , 10 빼기 5는 ☐ 와 같습니다.

2

10 - 3 = ☐ , 10 빼기 3은 ☐ 과 같습니다.

3

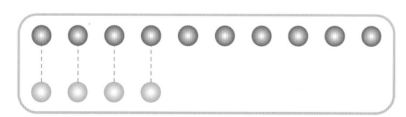

10 - 4 = ☐ , 10 빼기 4는 ☐ 과 같습니다.

E-248b

😮 다음 그림을 보고 뺄셈을 하고 뺄셈식을 읽어 보시오.(4~6)

4

$10 - \boxed{} = 8$

10 빼기 $\boxed{}$ 는 $\boxed{}$ 과 같습니다.

5

$10 - \boxed{} = 4$

10 빼기 $\boxed{}$ 은 $\boxed{}$ 와 같습니다.

6

$10 - \boxed{} = 1$

10 빼기 $\boxed{}$ 는 $\boxed{}$ 과 같습니다.

사고력 학습

★ 이름 :

★ 날짜 :

★ 시간 :   시   분 ~   시   분

확인

다음 그림을 보고 ☐ 안에 알맞은 수를 써넣으시오.(1~6)

1

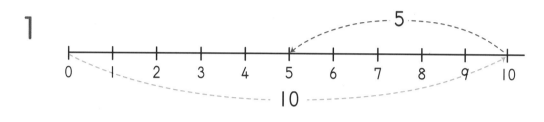

☐ − ☐ = 5

2

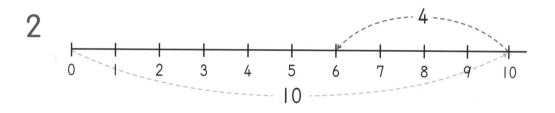

☐ − ☐ = 6

3

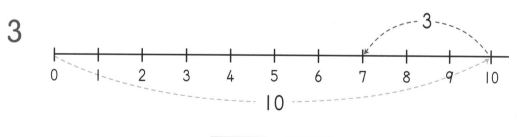

☐ − ☐ = 7

4
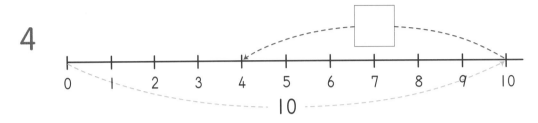

$$10 - \boxed{} = 4$$

5
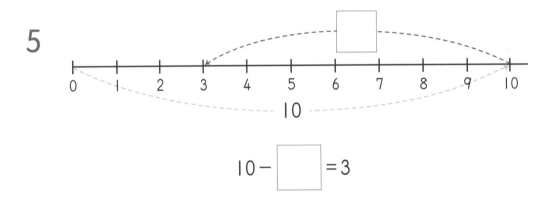

$$10 - \boxed{} = 3$$

6
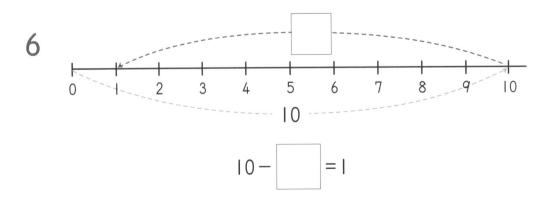

$$10 - \boxed{} = 1$$

✿ 이름 :

✿ 날짜 :

✿ 시간 :   시   분 ~   시   분

확인

🐸 다음 그림을 보고 뺄셈을 하시오.(1~3)

1

$$\begin{array}{r} 1\,0 \\ -\ \ 3 \\ \hline \end{array}$$

$10-3=$ ⬜

2

$$\begin{array}{r} 1\,0 \\ -\ \ 4 \\ \hline \end{array}$$

$10-4=$ ⬜

3

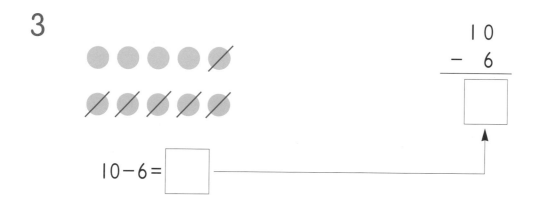

$$\begin{array}{r} 1\,0 \\ -\ \ 6 \\ \hline \end{array}$$

$10-6=$ ⬜

👻 다음 □ 안에 알맞은 수를 써넣으시오.(4~8)

4 10−5= □

$$\begin{array}{r} 10 \\ -5 \\ \hline \square \end{array}$$

5 10−4= □

$$\begin{array}{r} 10 \\ -4 \\ \hline \square \end{array}$$

6 10−3= □

$$\begin{array}{r} 10 \\ -3 \\ \hline \square \end{array}$$

7 10−2= □

$$\begin{array}{r} 10 \\ -2 \\ \hline \square \end{array}$$

8 10−1= □

$$\begin{array}{r} 10 \\ -1 \\ \hline \square \end{array}$$

E-251a

♣ 이름 :

♣ 날짜 :

♣ 시간 :　　　시　　분 ～　　시　　분

확인

🐸 다음 ☐ 안에 알맞은 수를 써넣으시오. (1~10)

1 10 − ☐ = 3

2 10 − ☐ = 9

3 10 − ☐ = 7

4 10 − ☐ = 4

5 10 − ☐ = 1

6 10 − ☐ = 8

7 10 − ☐ = 5

8 10 − ☐ = 0

9 10 − ☐ = 2

10 10 − ☐ = 6

11 두 수의 합이 10이 되게 선으로 이으시오.

| 9 | 4 | 2 | 5 | 7 |

| 6 | 1 | 8 | 3 | 5 |

12 □ 안에 알맞은 수를 써넣으시오.

(1) $3 + \boxed{} = 10$

(2) $\boxed{} + 2 = 10$

(3) $10 - \boxed{} = 5$

(4) $10 - \boxed{} = 9$

13 구슬 10개를 실에 꿰어 놓았습니다. 그림을 보고 덧셈식과 뺄셈식
을 만들어 보시오.

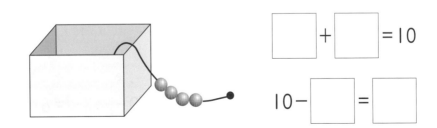

$\boxed{} + \boxed{} = 10$

$10 - \boxed{} = \boxed{}$

✿ 이름 :

✿ 날짜 :

✿ 시간 :　　시　　분 ~　　시　　분

확인

1 파란색 장난감 자동차가 8대 있습니다. 오늘 어머니께서 빨간색 장난감 자동차 2대를 사 오셨습니다. 장난감 자동차는 모두 몇 대 입니까?

[식]　　　　　　　　　　　　　　　　[답]

2 나뭇가지에 참새 6마리가 앉아 있습니다. 4마리가 더 날아왔습니다. 참새는 모두 몇 마리입니까?

[식]　　　　　　　　　　　　　　　　[답]

3 흰 강아지 1마리와 검은 강아지 9마리가 있습니다. 강아지는 모두 몇 마리입니까?

[식]　　　　　　　　　　　　　　　　[답]

4 파란색 공깃돌 3개, 빨간색 공깃돌 7개가 있습니다. 공깃돌은 모두 몇 개입니까?

[식]　　　　　　　　　　　　　　　　[답]

5 나비 10마리가 있습니다. 그중에서 3마리가 날아갔습니다. 나비가 몇 마리 남아 있습니까?

[식]   [답]

6 풍선이 10개 있습니다. 그중에서 6개가 터졌습니다. 남아 있는 풍선은 몇 개입니까?

[식]   [답]

7 자전거 10대와 자동차 8대가 있습니다. 자전거는 자동차보다 몇 대 더 많습니까?

[식]   [답]

8 토마토가 가지에 10개 달려 있었습니다. 그중에서 5개를 따서 먹었습니다. 토마토는 몇 개 남았습니까?

[식]   [답]

✿ 이름 :

✿ 날짜 :

✿ 시간 : 시 분 ~ 시 분

확인

● 창의력 학습

다음 수들 중에서 더해서 10이 되도록 연결된 두 수를 짝지어 색칠해 보시오. 어떤 글자가 보입니까?

1	8	7	1	4	5	9	4	5	2	4	0	3	5	6	3	8
3	4	5	5	1	9	2	3	9	3	7	1	9	2	0	7	6
2	6	3	1	8	8	8	6	0	2	6	8	3	8	1	9	5
5	3	2	5	1	4	3	7	4	5	3	7	6	4	0	1	4
1	7	2	6	8	5	7	0	8	5	2	1	5	0	2	8	3
3	1	9	2	8	1	6	5	0	6	4	3	7	9	3	5	2
2	4	0	3	5	3	4	9	6	1	3	2	4	0	9	5	1
3	5	1	9	2	8	3	8	0	5	1	9	2	8	3	1	2
0	4	7	5	9	0	7	1	3	4	2	3	0	1	7	2	3
1	0	4	6	4	5	5	2	1	2	5	4	4	2	4	0	4
2	2	6	1	2	3	4	9	0	6	7	8	3	0	6	3	5
3	3	2	1	2	4	0	2	5	6	7	8	4	9	5	2	6
4	1	8	2	3	7	1	9	7	1	0	4	5	4	5	1	7

E-253b

현진이와 종미는 탐정 놀이를 하고 있습니다. 범인은 (　　　) 안의 숫자를 한 번씩만 써넣어서 한 줄에 있는 세 수의 합이 10이 되도록 만들면 나타나겠다고 했습니다. 여러분은 과연 범인을 잡을 수 있습니까?

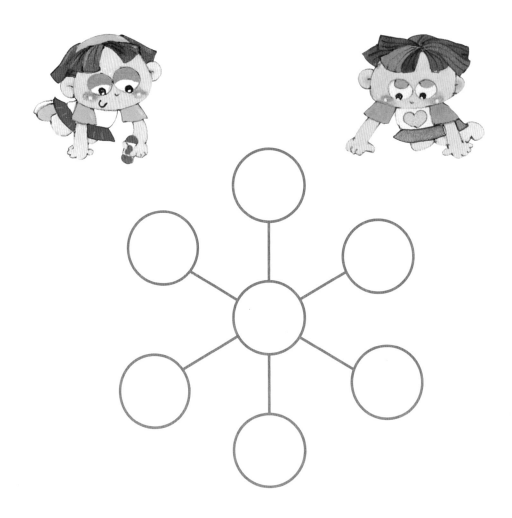

(1, 2, 3, 4, 5, 6, 7)

창의력 학습

✿ 이름 :

✿ 날짜 :

✿ 시간 : 시 분 ~ 시 분

확인

✚ 경시 대회 예상 문제

1 그림을 보고 ☐ 안에 알맞은 수를 써넣으시오.

(1)

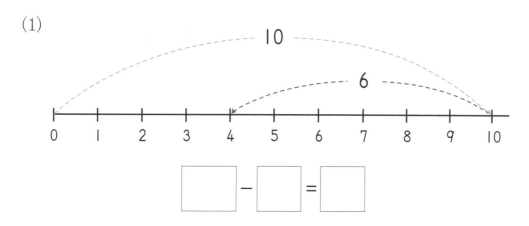

☐ ― ☐ = ☐

(2)

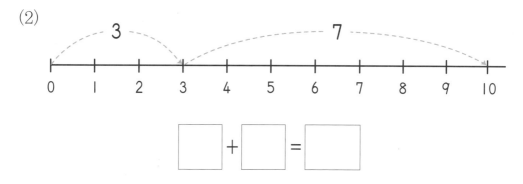

☐ + ☐ = ☐

2 ☐ 안에 알맞은 수를 써넣으시오.

(1) $7 + \boxed{} = 10$

(2) $\boxed{} + 6 = 10$

(3) $10 - \boxed{} = 2$

(4) $\boxed{} - 5 = 5$

3 덧셈식을 보고 □ 안에 알맞은 수를 써넣으시오.

(1) 2+8=10 ➡ □ −8= □

□ −2= □

(2) 6+4=10 ➡ □ − □ = □

□ − □ = □

4 한 줄에 있는 세 수의 합이 10이 되도록 빈칸에 알맞은 수를 써넣 으시오.

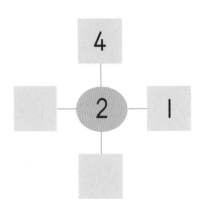

5 빈 곳에 알맞은 수를 써넣으시오.

(1)
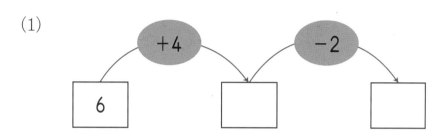

(2)
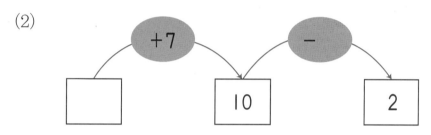

6 물음에 답하시오.

(1) ●＋■의 값을 구하시오.

$$8+●=10, \quad 10-■=2$$

[답]

(2) ■－●의 값을 구하시오.

$$●+3=10, \quad ■-4=6$$

[답]

7 소희는 색종이를 몇 장 가지고 있었습니다. 미술 시간에 6장을 쓰고, 친구에게 3장을 주었더니 1장이 남았습니다. 소희가 처음에 가지고 있었던 색종이는 몇 장입니까?

[답]

8 주연이는 사탕 5개와 껌 5개를 샀습니다. 그중에서 사탕 2개와 껌 2개를 동생에게 주었습니다. 남은 사탕과 껌은 모두 몇 개입니까?

[답]

9 세 사람이 가지고 있는 연필을 세어 보았습니다. 누리는 보라보다 2자루 더 적고, 보라는 슬기보다 3자루 더 많습니다. 보라가 가지고 있는 연필이 5자루이면, 세 사람이 가지고 있는 연필은 모두 몇 자루입니까?

[답]

10 어떤 두 수의 합은 10이고 차는 2입니다. 어떤 두 수를 각각 구하시오.

[답]   ,

사고력도 탄탄! 창의력도 탄탄!

E5

E256a ~ E270b

 ## 학습 관리표

학습 내용		이번 주는?
덧셈과 뺄셈 (1)	· 세 수의 덧셈과 뺄셈 · (몇십)+(몇), (몇십 몇)+(몇), 　(몇십 몇)+(몇십 몇) · (몇십 몇)−(몇), (몇십 몇)−(몇십 몇) · 창의력 학습 · 경시 대회 예상 문제	• 학습 방법 : ① 매일매일　② 가끔　　③ 한꺼번에 　　　　　　　하였습니다. • 학습 태도 : ① 스스로 잘　② 시켜서 억지로 　　　　　　　하였습니다. • 학습 흥미 : ① 재미있게　② 싫증내며 　　　　　　　하였습니다. • 교재 내용 : ① 적합하다고　② 어렵다고　③ 쉽다고 　　　　　　　하였습니다.

지도 교사가 부모님께	부모님이 지도 교사께

평가	Ⓐ 아주 잘함	Ⓑ 잘함	Ⓒ 보통	Ⓓ 부족함

원(교)　　　　반　　　이름　　　　　　전화

기초부터 탄탄하게
G 기탄교육
www.gitan.co.kr / (02)586-1007(대)

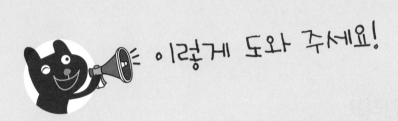

이렇게 도와 주세요!

● **학습 목표**
– 받아올림과 받아내림이 없는 세 수의 덧셈·뺄셈·혼합 계산을 할 수 있다.
– 받아올림과 받아내림이 없는 두 자리 수끼리의 덧셈과 뺄셈을 능숙하게 계산할 수 있다.
– 덧셈식을 보고 뺄셈식을 만들 수 있고, 뺄셈식을 보고 덧셈식을 만들 수 있다.

● **지도 내용**
– 받아올림과 받아내림이 없는 3개의 한 자리 수의 덧셈·뺄셈·혼합 계산을 해 보게 한다.
– 받아올림이 없는 (몇십)＋(몇), (몇십 몇)＋(몇), (몇십 몇)＋(몇십 몇)의 계산을 해 보게 한다.
– 받아내림이 없는 (몇십 몇)－(몇), (몇십 몇)－(몇십 몇)의 계산을 해 보게 한다.
– 덧셈과 뺄셈의 관계를 알아보게 한다.

● **지도 요점**
앞서 학습한 100까지의 수, 10을 가르기와 모으기 등을 기초로 하여 한 자리 수의 덧셈·뺄셈·혼합 계산을 할 수 있도록 지도합니다. 이것은 두 수의 합과 차만 구하는 것이 아니라 두 수의 합과 차에 또 다른 수를 더하거나 뺄 수 있음을 알도록 하는 것입니다.
이러한 세 수의 혼합 계산을 바탕으로 받아올림과 받아내림이 없는 두 자리 수끼리의 덧셈, 뺄셈을 구체물을 이용하여 계산 원리를 이해하고, 이것을 형식화합니다.
또한 덧셈과 뺄셈의 관계를 알아보도록 하며, 이러한 기초 기능을 실생활의 여러 상황에 적용하여 문제를 해결하는 능력을 향상시키도록 합니다.

★ 이름 :

★ 날짜 :

★ 시간 :   시   분 ~   시   분

확인

🐸 다음 ☐ 안에 알맞은 수를 써넣으시오.(1~3)

1

$4 + 3 + 2 =$ ☐

☐

☐

$$\begin{array}{r} 4 \\ + 3 \\ \hline \square \end{array}$$ → ☐

$$\begin{array}{r} \\ + 2 \\ \hline \square \end{array}$$

2 $2 + 4 + 1 =$ ☐

☐

☐

$$\begin{array}{r} 2 \\ + 4 \\ \hline \square \end{array}$$ → ☐

$$\begin{array}{r} \\ + 1 \\ \hline \square \end{array}$$

3 $3 + 2 + 3 =$ ☐

☐

☐

$$\begin{array}{r} 3 \\ + 2 \\ \hline \square \end{array}$$ → ☐

$$\begin{array}{r} \\ + 3 \\ \hline \square \end{array}$$

👻 다음 ☐ 안에 알맞은 수를 써넣으시오.(4~6)

4

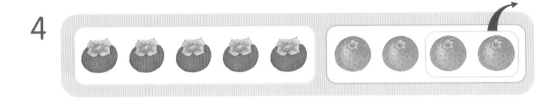

$5 + 4 - 2 = $ ☐

$\begin{array}{c} 5 \\ + \ 4 \\ \hline \end{array}$ ☐ → ☐ $\begin{array}{c} - \ 2 \\ \hline \end{array}$ ☐

5 $3 + 3 - 1 = $ ☐

$\begin{array}{c} 3 \\ + \ 3 \\ \hline \end{array}$ ☐ → ☐ $\begin{array}{c} - \ 1 \\ \hline \end{array}$ ☐

6 $1 + 7 - 6 = $ ☐

$\begin{array}{c} 1 \\ + \ 7 \\ \hline \end{array}$ ☐ → ☐ $\begin{array}{c} - \ 6 \\ \hline \end{array}$ ☐

✿ 이름 :

✿ 날짜 :

✿ 시간 :   시   분 ~   시   분

확인

🐸 다음 ☐ 안에 알맞은 수를 써넣으시오.(1~3)

1

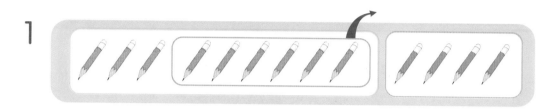

$9 - 6 + 4 = $ ☐

☐

☐

$$\begin{array}{r} 9 \\ -\ 6 \\ \hline \square \end{array}$$ → ☐

$$\begin{array}{r} +\ 4 \\ \hline \square \end{array}$$

2   $5 - 3 + 6 = $ ☐

☐

☐

$$\begin{array}{r} 5 \\ -\ 3 \\ \hline \square \end{array}$$ → ☐

$$\begin{array}{r} +\ 6 \\ \hline \square \end{array}$$

3   $8 - 4 + 1 = $ ☐

☐

☐

$$\begin{array}{r} 8 \\ -\ 4 \\ \hline \square \end{array}$$ → ☐

$$\begin{array}{r} +\ 1 \\ \hline \square \end{array}$$

👻 다음 ☐ 안에 알맞은 수를 써넣으시오.(4~6)

4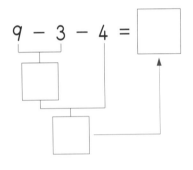

$9 - 3 - 4 =$ ☐

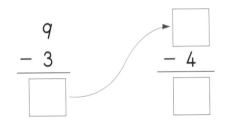

9
$- 3$
─────
☐

$- 4$
─────
☐

5 $7 - 3 - 4 =$ ☐

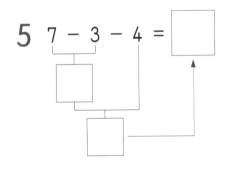

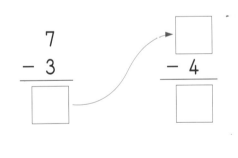

7
$- 3$
─────
☐

$- 4$
─────
☐

6 $8 - 3 - 2 =$ ☐

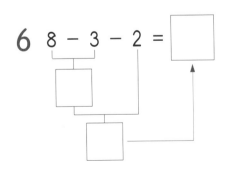

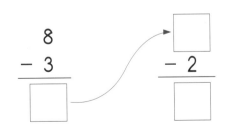

8
$- 3$
─────
☐

$- 2$
─────
☐

★ 이름 :

★ 날짜 :

★ 시간 :   시   분 ~   시   분

확인

🐸 다음 계산을 하시오.(1~12)

1 2+1+5 = ☐

2 2+2+2 = ☐

3 6+3−8 = ☐

4 4+4−5 = ☐

5 3−2+8 = ☐

6 6−3+6 = ☐

7 9−5−1 = ☐

8 7−2−4 = ☐

9 1+1+5 = ☐

10 3+1−2 = ☐

11 7−5+7 = ☐

12 9−1−7 = ☐

사고력 학습

13 답을 구하고 아래 카드와 같은 색으로 칠해 보시오.

| 1 | 2 | 3 | 4 | 5 | 6 | 7 | 8 | 9 |

✿ 이름 :

✿ 날짜 :

✿ 시간 :   시   분 ~   시   분

확인

👻 다음 □ 안에 알맞은 수를 써넣으시오.(1~5)

1   10+5 = ☐

$$\begin{array}{r} 1\ 0 \\ +\ \ 5 \\ \hline \ \ \ \ \end{array}$$

2   20+3 = ☐

$$\begin{array}{r} 2\ 0 \\ +\ \ 3 \\ \hline \ \ \ \ \end{array}$$

3   60+7 = ☐

$$\begin{array}{r} 6\ 0 \\ +\ \ 7 \\ \hline \ \ \ \ \end{array}$$

4   2+90 = ☐

$$\begin{array}{r} 2 \\ +\ 9\ 0 \\ \hline \ \ \ \ \end{array}$$

5   4+30 = ☐

$$\begin{array}{r} 4 \\ +\ 3\ 0 \\ \hline \ \ \ \ \end{array}$$

사고력 학습

👻 다음 □ 안에 알맞은 숫자를 써넣으시오.(6~9)

6
```
   4 6          4 6          4 6
 +   2   →   +   2   →   +   2
 ―――         ――――        ――――
                 □          □ □
```

7
```
     2            2            2
 + 7 3   →   + 7 3   →   + 7 3
 ―――――       ――――――      ――――――
                 □          □ □
```

8
```
   3 0          3 0          3 0
 + 3 0   →   + 3 0   →   + 3 0
 ―――――       ――――――      ――――――
                 □          □ □
```

9
```
   5 3          5 3          5 3
 + 4 4   →   + 4 4   →   + 4 4
 ―――――       ――――――      ――――――
                 □          □ □
```

★ 이름 :

★ 날짜 :

★ 시간 :　　시　　분 ～　　시　　분

확인

다음 계산을 하시오.(1~10)

1
```
   4 7
+    2
```

2
```
   6 3
+    5
```

3
```
     1
+  8 4
```

4
```
     4
+  2 3
```

5
```
   5 0
+  2 0
```

6
```
   1 0
+  5 0
```

7
```
   1 4
+  2 2
```

8
```
   3 4
+  6 4
```

9
```
   6 1
+  1 1
```

10
```
   3 2
+  2 1
```

👻 다음 계산을 하시오.(11~20)

11 51+8=

12 32+5=

13 4+91=

14 2+74=

15 40+50=

16 70+10=

17 12+12=

18 12+63=

19 26+63=

20 33+13=

사고력 학습

E-261a

★ 이름 :

★ 날짜 :

★ 시간 : 시 분 ~ 시 분

확인

1 그림을 보고 □ 안에 알맞은 수를 써넣으시오.

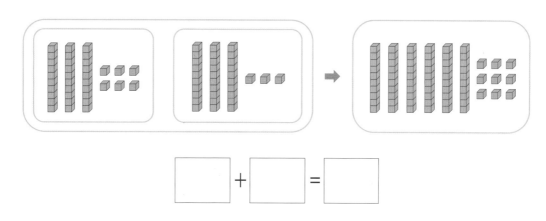

□ + □ = □

2 같은 것끼리 선으로 이으시오.

85+1 ·   · 43+2

32+47 ·   · 56+30

10+35 ·   · 4+75

3 가장 큰 수와 가장 작은 수의 합을 구하시오.

16   42   30   25

[답]

문제 해결력 학습

4 어머니께서 사과 10개와 감 8개를 사 오셨습니다. 어머니께서 사 오신 과일은 모두 몇 개입니까?

[식]   [답]

5 하늘이는 빨간색 구슬 20개와 파란색 구슬 30개를 가지고 있습니다. 하늘이가 가지고 있는 구슬은 모두 몇 개입니까?

[식]   [답]

6 아버지와 어머니께서 밤을 주웠습니다. 아버지는 54개, 어머니는 20개를 주웠습니다. 두 사람이 주운 밤은 모두 몇 개입니까?

[식]   [답]

7 경선이의 책꽂이에는 동화책이 23권, 위인전이 46권 꽂혀 있습니다. 책꽂이에 꽂혀 있는 책은 모두 몇 권입니까?

[식]   [답]

✿ 이름 :

✿ 날짜 :

✿ 시간 :　　시　　분 ~ 　　시　　분

🐸 다음 ☐ 안에 알맞은 숫자를 써넣으시오.(1~8)

1

```
   4 7            4 7            4 7
 -   2     →    -   2     →    -   2
               ─────          ─────
                 ☐             ☐ ☐
```

2

```
   9 8            9 8            9 8
 -   5     →    -   5     →    -   5
               ─────          ─────
                 ☐             ☐ ☐
```

3

```
   5 0            5 0            5 0
 - 4 0     →    - 4 0     →    - 4 0
               ─────          ─────
                 ☐             ☐ ☐
```

4

```
   3 0            3 0            3 0
 - 1 0     →    - 1 0     →    - 1 0
               ─────          ─────
                 ☐             ☐ ☐
```

사고력 학습

5
```
  4 9        4 9        4 9
- 1 5   →  - 1 5   →  - 1 5
            ____        _____
            [  ]        [  ][  ]
```

6
```
  8 6        8 6        8 6
- 2 5   →  - 2 5   →  - 2 5
            ____        _____
            [  ]        [  ][  ]
```

7
```
  6 2        6 2        6 2
- 1 2   →  - 1 2   →  - 1 2
            ____        _____
            [  ]        [  ][  ]
```

8
```
  7 5        7 5        7 5
- 3 3   →  - 3 3   →  - 3 3
            ____        _____
            [  ]        [  ][  ]
```

★ 이름 :

★ 날짜 :

★ 시간 :   시   분 ~   시   분

확인

👻 다음 계산을 하시오.(1~10)

1
```
   2 8
 -   4
```

2
```
   5 9
 -   9
```

3
```
   3 3
 -   2
```

4
```
   4 7
 -   5
```

5
```
   6 0
 - 4 0
```

6
```
   7 0
 - 1 0
```

7
```
   6 5
 - 2 2
```

8
```
   8 9
 - 7 3
```

9
```
   9 9
 - 6 4
```

10
```
   4 5
 - 2 1
```

사고력 학습

E-263b

👻 다음 계산을 하시오.(11~20)

11 49－2＝

12 37－7＝

13 27－1＝

14 59－5＝

15 80－50＝

16 40－30＝

17 98－71＝

18 78－43＝

19 28－16＝

20 68－30＝

사고력 학습

✿ 이름 :

✿ 날짜 :

✿ 시간 :   시   분 ~   시   분

확인

1 그림을 보고 ☐ 안에 알맞은 수를 써넣으시오.

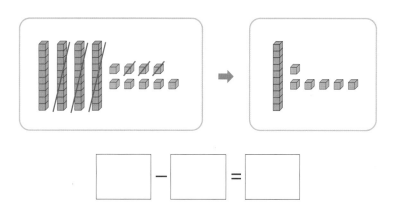

☐ − ☐ = ☐

2 같은 것끼리 선으로 이으시오.

48−6 ·

70−50 ·

97−63 ·

· 65−45

· 46−12

· 53−11

3 가장 큰 수와 가장 작은 수의 차를 구하시오.

43   78   30   17

[답]

4 명희는 버스를 타고 외할머니 댁에 갑니다. 외할머니 댁까지는 모두 18정류장을 지나야 합니다. 지금까지 8정류장을 지났습니다. 앞으로 몇 정류장을 지나야 합니까?

[식]   [답]

5 태호는 매일 줄넘기를 50번씩 하기로 했습니다. 지금 30번을 했습니다. 몇 번 더 해야 합니까?

[식]   [답]

6 지원이는 동화책을 일주일 동안 96쪽 읽기로 했습니다. 오늘까지 80쪽을 읽었습니다. 몇 쪽을 더 읽어야 합니까?

[식]   [답]

7 축구공은 41개, 야구공은 59개 있습니다. 야구공은 축구공보다 몇 개 더 많습니까?

[식]   [답]

✿ 이름 :

✿ 날짜 :

✿ 시간 :　　시　　분 ~ 　　시　　분

확인

1 여학생 10명과 남학생 4명이 있습니다. 물음에 답하시오.

(1) 학생은 모두 몇 명인지 덧셈식으로 알아보시오.

10 + ☐ = ☐

(2) 여학생의 수를 나타내는 뺄셈식을 써 보시오.

14 - ☐ = ☐

(3) 남학생의 수를 나타내는 뺄셈식을 써 보시오.

14 - ☐ = ☐

2 덧셈식을 보고 뺄셈식을 써 보시오.

32 + 45 = 77 ➡ 77 - ☐ = 32

77 - ☐ = 45

사고력 학습

3   그림을 보고 □ 안에 알맞은 수를 써넣으시오.

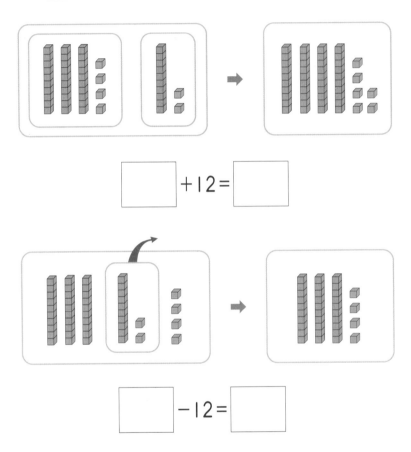

☐ +12= ☐

☐ -12= ☐

4   덧셈식을 보고 뺄셈식을 써 보시오.

(1) 29+30=59

☐ - ☐ = ☐

☐ - ☐ = ☐

(2) 32+41=73

☐ - ☐ = ☐

☐ - ☐ = ☐

✿ 이름 :

✿ 날짜 :

✿ 시간 : 시 분~ 시 분

확인

1 울타리 안에 동물 15마리가 있습니다. 그중에서 5마리가 울타리 밖으로 나갔습니다. 물음에 답하시오.

(1) 울타리 안에 남아 있는 동물이 몇 마리인지 뺄셈식으로 알아보시오.

$$15 - \boxed{} = \boxed{}$$

(2) 처음 울타리 안에 있던 동물이 모두 몇 마리인지 덧셈식을 써 보시오.

$$5 + \boxed{} = \boxed{}$$

2 뺄셈식을 보고 덧셈식을 써 보시오.

$$79 - 53 = 26$$ ➡

$$26 + \boxed{} = 79$$

$$53 + \boxed{} = 79$$

3 그림을 보고 ☐ 안에 알맞은 수를 써넣으시오.

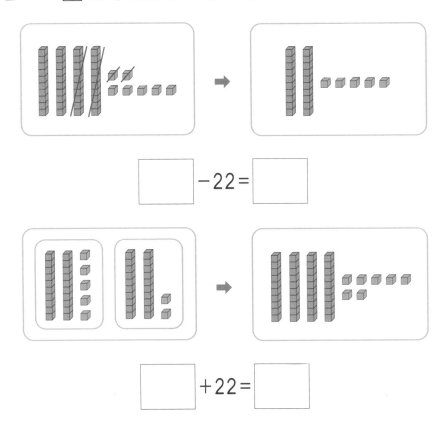

☐ $-22=$ ☐

☐ $+22=$ ☐

4 뺄셈식을 보고 덧셈식을 써 보시오.

(1) $48-35=13$

☐ $+$ ☐ $=$ ☐

☐ $+$ ☐ $=$ ☐

(2) $56-24=32$

☐ $+$ ☐ $=$ ☐

☐ $+$ ☐ $=$ ☐

★ 이름 :

★ 날짜 :

★ 시간 :　　시　　분～　　시　　분

확인

🐸 다음 계산을 하시오.(1~10)

1　4+1+3=

2　7+2-4=

3　8-6+4=

4　9-3-5=

5　43+3=

6　12+62=

7　56-4=

8　93-53=

9
```
   2 3
+ 3 5
```

10
```
   5 4
- 4 1
```

11 덧셈식을 보고 뺄셈식을 써 보시오.

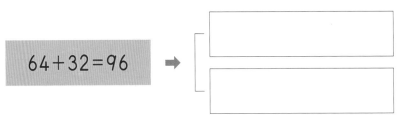

64+32=96 ➡

12 뺄셈식을 보고 덧셈식을 써 보시오.

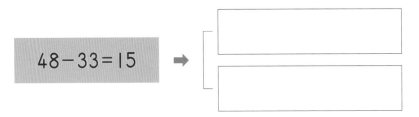

48-33=15 ➡

13 서희는 사탕을 9개 가지고 있습니다. 동생에게 사탕 7개를 주고 언니한테 사탕 6개를 받았습니다. 서희가 가지고 있는 사탕은 몇 개입니까?

[식]   [답]

14 준우는 붙임 딱지를 10월에 15장, 11월에 31장 모았습니다. 준우가 10월과 11월에 모은 붙임 딱지는 모두 몇 장입니까?

[식]   [답]

✿ 이름 :

✿ 날짜 :

✿ 시간 :　　시　　분 ~ 　　시　　분

확인

🌐 창의력 학습

'도레미파솔라시'에 각각 숫자를 정했습니다. 다음 덧셈과 뺄셈을 한 후
에 일의 자리 숫자의 계이름을 써 보시오.

| 도 1 | 레 2 | 미 3 | 파 4 | 솔 5 | 라 6 | 시 7 | 도 1 | 레 2 | 미 3 |

1+3+2 ─ 31+5

43+22 ─ 11+4 　　　　14+1 ─ 20+5

10+33

25+30 ─ 32+23

30+3 ─ 71+22

21+21

28-22 ─ 47-11

27-12 ─ 36-1 　　　　8+1-4 ─ 55-10

8-8+3

69-24

26-13 　　　　47-14

9-2-5 　　　　4+3-6

민수가 친구 지혜네 집을 찾아가고 있습니다. 계산을 틀리지 않고 길을 찾아가야 지혜네 집에 도착할 수 있다고 합니다. 어떤 길로 가야 합니까?

★ 이름 :

★ 날짜 :

★ 시간 :   시   분 ~   시   분

확인

✚ 경시 대회 예상 문제

1 식이 맞도록 **4**장의 숫자 카드를 □ 안에 써넣으시오.

| 2 | 5 | 6 | 9 |

$$\boxed{} - \boxed{} + \boxed{} = \boxed{}$$

2 같은 것끼리 선으로 이으시오.

43+2   ·   ·   38−4

14+20   ·   ·   65−20

11+45   ·   ·   68−12

3 ○ 안에 >, <를 알맞게 써넣으시오.

(1) 5+34 ◯ 72−32

(2) 54−2 ◯ 23+31

4 [보기]와 같이 덧셈을 하시오.

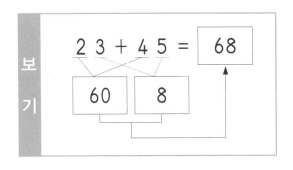

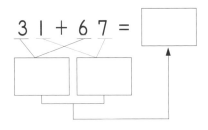

5 [보기]와 같이 뺄셈을 하시오.

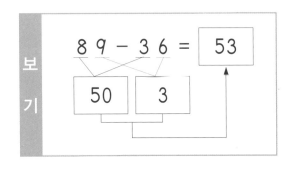

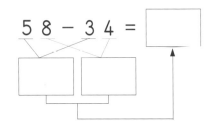

6 빈 곳에 알맞은 수를 써넣으시오.

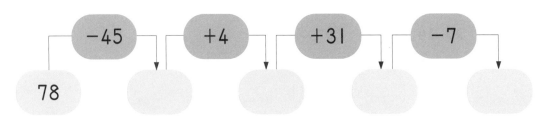

7 합이 **97, 27, 76, 59**가 되게 카드를 두 장씩 골라 같은 색으로 칠해 보시오.

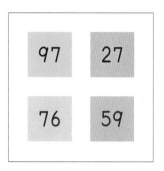

2	52	96	6
70	25	I	7

8 차가 **31, 73, 45, 81**이 되게 카드를 두 장씩 골라 같은 색으로 칠해 보시오.

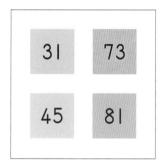

8	33	76	I
46	3	89	2

9 □ 안에 알맞은 숫자를 써넣으시오.

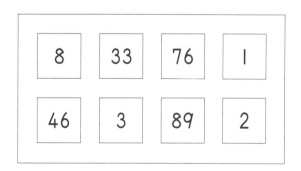

(1)
```
    4 □
 +  □ 2
 ──────
    8 5
```

(2)
```
    □ 8
 -  2 □
 ──────
    3 6
```

10 꽃밭에 나비는 15마리 있고 벌은 나비보다 3마리 더 적게 있습니다. 꽃밭에 있는 나비와 벌은 모두 몇 마리입니까?

[답]

11 과일 가게에 사과가 87개 있었습니다. 오늘 54개를 팔고, 다시 32개를 들여놓았습니다. 과일 가게에 있는 사과는 몇 개입니까?

[답]

12 보연이네 반 학생은 모두 39명입니다. 그중에서 세종 대왕의 위인선을 읽은 어린이는 남학생이 10명, 여학생이 9명입니다. 세종 대왕의 위인전을 읽지 않은 어린이는 몇 명입니까?

[답]

13 시연이가 가지고 있는 색종이는 빨간색이 32장, 노란색이 36장입니다. 그중에서 오늘 미술 시간에 빨간색을 11장, 노란색을 12장 썼습니다. 남은 색종이는 몇 장입니까?

[답]

사고력도 탄탄! 창의력도 탄탄!
기탄사고력수학

E5

E271a ~ E285b

학습 관리표

학습 내용		이번 주는?

시계	· 긴바늘, 짧은바늘 알아보기
	· 몇 시 알아보기
	· 몇 시 30분 알아보기
	· 창의력 학습
	· 경시 대회 예상 문제
		• 학습 방법 : ① 매일매일 ② 가끔 ③ 한꺼번에
		  하였습니다.
		• 학습 태도 : ① 스스로 잘 ② 시켜서 억지로
		  하였습니다.
		• 학습 흥미 : ① 재미있게 ② 싫증내며
		  하였습니다.
		• 교재 내용 : ① 적합하다고 ② 어렵다고 ③ 쉽다고
		  하였습니다.

지도 교사가 부모님께	부모님이 지도 교사께

평가	Ⓐ 아주 잘함	Ⓑ 잘함	Ⓒ 보통	Ⓓ 부족함

원(교)   반   이름   전화

기초부터 탄탄하게
G 기탄교육
www.gitan.co.kr / (02)586-1007(대)

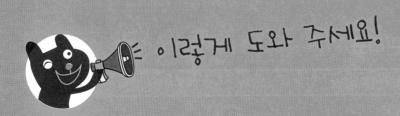

이렇게 도와 주세요!

● 학습 목표
– 시계를 보고 몇 시, 몇 시 30분을 읽을 수 있다.
– 몇 시, 몇 시 30분을 모형 시계에 나타낼 수 있다.
– 시각을 이용하여 하루의 생활 계획을 세우고 말할 수 있다.

● 지도 내용
– 긴바늘이 숫자 12를 가리킬 때, 짧은바늘이 가리키는 숫자가 시각을 나타낸다는 것을 안다.
– '몇 시'를 약속한다.
– 긴바늘이 숫자 6을 가리킬 때의 시각은 '30분' 또는 '반'임을 안다. 또한 짧은바늘이 숫자와 숫자 사이에 있을 때 작은 숫자가 '시'를 나타낸다는 것을 안다.
– '몇 시 30분' 또는 '몇 시 반'을 약속한다.

● 지도 요점
처음으로 도입되는 시각에 관한 지도는 측도에 대한 이해를 가지게 하는 기초 단계로 한 자리 수와 두 자리 수의 이해를 바탕으로 이루어집니다.
아이들의 생활을 소재로 하여 직접적인 경험과 관련지어서 시각에 대한 필요성을 알며, 관심을 가지게 하고, 시계보기를 통하여 '몇 시', '몇 시 30분'으로 시각을 말할 수 있게 합니다.
또한, '몇 시', '몇 시 30분' 등의 시각으로 하루의 생활을 말할 수 있게 합니다.

✿ 이름 :

✿ 날짜 :

✿ 시간 :　　시　　분 ~ 　　시　　분

🐸 다음 시계를 보고 ①, ②에 들어갈 알맞은 숫자를 각각 쓰시오.(1~4)

1

[답] ① :　　　　② :

2

[답] ① :　　　　② :

3

[답] ① :　　　　② :

4

[답] ① :　　　　② :

👻 다음 시계를 보고 긴바늘에 ◯표 하시오.(5~8)

5

6

7

8

👻 다음 시계를 보고 짧은바늘에 △표 하시오.(9~10)

9

10

🌸 이름 :

🌸 날짜 :

🌸 시간 :　　　시　　分～　　　시　　分

확인

🐸 다음 시계를 보고 긴바늘이 가리키는 숫자를 쓰시오.(1~6)

1

2

3

4

5

6

다음 시계를 보고 짧은바늘이 가리키는 숫자를 쓰시오.(7~12)

7
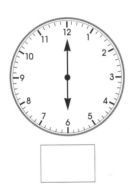

8

9

10

11

12

사고력 학습

✿ 이름 :

✿ 날짜 :

✿ 시간 :　　시　　분 ~ 　　시　　분

확인

🐸 긴바늘이 (　　) 안의 숫자를 가리키도록 그려 넣으시오.(1~6)

1

(8)

2

(2)

3
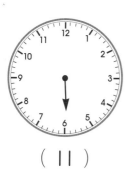
(11)

4

(5)

5

(12)

6

(6)

사고력 학습

E-273b

🐭 짧은바늘이 (   ) 안의 숫자를 가리키도록 그려 넣으시오.(7~12)

7

(6)

8

(3)

9

(9)

10

(5)

11

(7)

12

(11)

사고력 학습

★ 이름 :

★ 날짜 :

★ 시간 : 시 분 ~ 시 분

◆ 몇 시 알아보기

[9시]

• 시계의 긴바늘은 숫자 12를 가리키고 있습니다.

• 시계의 짧은바늘은 숫자 9를 가리키고 있습니다.

• 이 시계가 나타내는 시각은 9시입니다.

😀 다음 시계를 보고 ☐ 안에 알맞은 수를 써넣으시오.(1~2)

1 시계의 긴바늘이 숫자 ☐ 를 가리키고 있을 때에는 짧은바늘이 가리키는 숫자에 따라 '몇 시'로 읽습니다.

2 시계의 긴바늘이 숫자 12를 가리키고, 짧은바늘이 숫자 4를 가리키므로 ☐ 시입니다.

👻 다음 시계를 보고 ☐ 안에 알맞은 수를 써넣으시오.(3~5)

3 시계의 긴바늘은 숫자 ☐ 를 가리킵
니다.

4 시계의 짧은바늘은 숫자 ☐ 을 가리킵
니다.

5 시계가 나타내는 시각은 ☐ 시입니다.

👻 다음 시계를 보고 ☐ 안에 알맞은 수나 말을 써넣으시오.(6~8)

6 시계의 ☐ 바늘은 숫자 12를 가리킵
니다.

7 시계의 ☐ 바늘은 숫자 2를 가리킵
니다.

8 시계가 나타내는 시각은 ☐ 시입니다.

✿이름 :

✿날짜 :

✿시간 :　　시　　분 ~　　시　　분

🐸 다음 시각을 읽어 보시오.(1~6)

1

□ 시

2

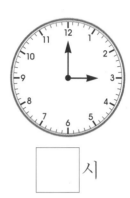

□ 시

3

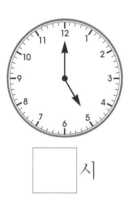

□ 시

4

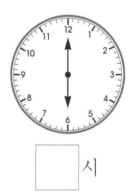

□ 시

5

□ 시

6

□ 시

7 같은 시각을 찾아 선으로 이어 보시오.

8 경선이는 7시에 일어났습니다. 경선이가 일어난 시각을 나타낸 것은 어느 것입니까?

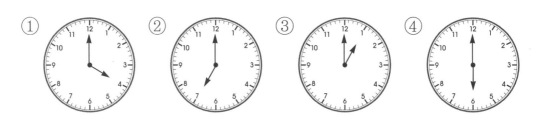

이름 :

날짜 :

시간 : 시 분 ~ 시 분

확인

E-276a

😀 시각에 맞게 시곗바늘을 바르게 그려 넣으시오.(1~6)

1

[1시]

2

[7시]

3

[4시]

4

[8시]

5

[11시]

6

[3시]

사고력 학습

🗣 다음을 읽고 알맞은 말에 ○표 하시오.(7~9)

7 시계의 긴바늘과 짧은바늘은 (같은, 반대) 방향으로 돕니다.

8 시계의 긴바늘과 짧은바늘은 (왼쪽, 오른쪽)으로 돕니다.

9 시계의 긴바늘은 짧은바늘보다 (느리게, 빠르게) 돕니다.

🗣 다음 ☐ 안에 알맞은 수를 써넣으시오.(10~11)

10 시계의 긴바늘이 숫자 ☐ 를 가리키고 짧은바늘이 숫자 ☐
를 가리키고 있으면 2시입니다.

11 채원이가 시계를 보니 긴바늘과 짧은바늘이 모두 숫자 12를 가리
키고 있습니다. 이 시계가 나타내는 시각은 ☐ 시입니다.

♣ 이름 :

♣ 날짜 :

♣ 시간 :   시   분 ~   시   분

확인

◆ 몇 시 30분 알아보기

[1시 30분]
[1시 반]

• 시계의 긴바늘은 숫자 6을 가리키고 있습니다.
• 시계의 짧은바늘은 숫자 1과 2 사이를 가리키고 있습니다.
• 시계가 나타내는 시각은 1시 30분입니다. 1시 30분은 1시 반이라고도 합니다.

😃 다음 시계를 보고 ☐ 안에 알맞은 수를 써넣으시오.(1~3)

1 시계의 긴바늘은 숫자 ☐ 을 가리키고 있습니다.

2 시계의 짧은바늘은 숫자 ☐ 와 10 사이를 가리키고 있습니다.

3 시계가 나타내는 시각은 9시 ☐ 분입니다.

사고력 학습

E-277b

🗣 다음 시계를 보고 ☐ 안에 알맞은 수나 말을 써넣으시오.(4~8)

4 시계의 긴바늘은 숫자 ☐ 을 가리키고 있습니다.

5 시계의 긴바늘이 숫자 6을 가리키면 ☐ 분입니다.

6 시계의 짧은바늘은 숫자 ☐ 와 5 사이를 가리키고 있습니다.

7 시계가 나타내는 시각은 ☐ 시 ☐ 분입니다.

8 4시 30분을 4시 ☐ 이라고도 합니다.

✿ 이름 :

✿ 날짜 :

✿ 시간 :　　시　　분～　시　　분

확인

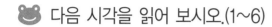 다음 시각을 읽어 보시오.(1~6)

1

□ 시 □ 분

2

□ 시 □ 분

3

□ 시 □ 분

4

□ 시 □ 분

5

□ 시 □ 분

6

□ 시 □ 분

다음 시각을 '반'이란 말을 사용하여 읽어 보시오.(7~12)

7

□ 시 □

8

□ 시 □

9
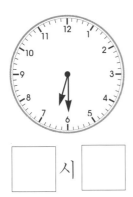

□ 시 □

10

□ 시 □

11

□ 시 □

12

□ 시 □

✿ 이름 :

✿ 날짜 :

✿ 시간 :   시   분 ~   시   분

🐸 시각에 맞게 시곗바늘을 바르게 그려 넣으시오.(1~6)

1

[2시 30분]

2

[5시 30분]

3

[9시 30분]

4

[12시 30분]

5

[10시 반]

6

[6시 반]

사고력 학습

👻 다음 □ 안에 알맞은 수나 말을 써넣으시오.(7~11)

7 시계의 긴바늘은 □ 을 나타내고 짧은바늘은 시를 나타냅니다.

8 시계의 긴바늘이 숫자 □ 을 가리키고 짧은바늘이 두 숫자 사이를 가리키고 있으면 몇 시 30분입니다.

9 시계의 긴바늘이 숫자 □ 을 가리키고 짧은바늘이 숫자 7과 □ 사이를 가리키고 있으면 7시 30분입니다.

10 시계의 긴바늘이 숫자 □ 을 가리키고 짧은바늘이 숫자 □ 과 12 사이를 가리키고 있으면 11시 30분입니다.

11 시계의 긴바늘이 숫자 6을 가리키고 짧은바늘이 숫자 12와 1 사이를 가리키고 있으면 □ 시 반입니다.

✿ 이름 :

✿ 날짜 :

✿ 시간 :   시   분 ~   시   분

확인

🐸 다음 그림을 보고 문장을 완성하시오.(1~3)

1

성호가 학교에 간 시각은 ☐ 시 ☐ 분입니다.

2

희수는 ☐ 시에 친구들과 놀이터에서 놀고 있습니다.

3

병수는 ☐ 시 ☐ 분에 손을 닦습니다.

👻 다음 시계를 보고 계획표대로 하였는지 알아보시오.(4~9)

아침 운동 6시 30분	학교 가기 8시
동생과 놀아 주기 4시	텔레비전 보기 5시 30분
저녁 식사 7시 30분	잠자기 9시

4

(예, 아니요)

5

(예, 아니요)

6

(예, 아니요)

7

(예, 아니요)

8

(예, 아니요)

9

(예, 아니요)

✿ 이름 :

✿ 날짜 :

✿ 시간 :　　시　　분 ~ 　시　　분

확인

🐸 다음 시각을 읽어 보시오.(1~6)

1

2

3

4

5

6

사고력 학습

👻 다음 그림을 보고 ☐ 안에 알맞은 수를 써넣으시오.(7~9)

7

☐ 시에 버스를 타서 ☐ 시 ☐ 분에 내렸습니다.

8

☐ 시에 학교를 출발해서 ☐ 시 ☐ 분에 집에 도착했습니다.

9

☐ 시 ☐ 분에 친구들과 놀다가 ☐ 시에 헤어졌습니다.

🐸 다음 시각에 맞게 시곗바늘을 바르게 그려 넣으시오.(1~4)

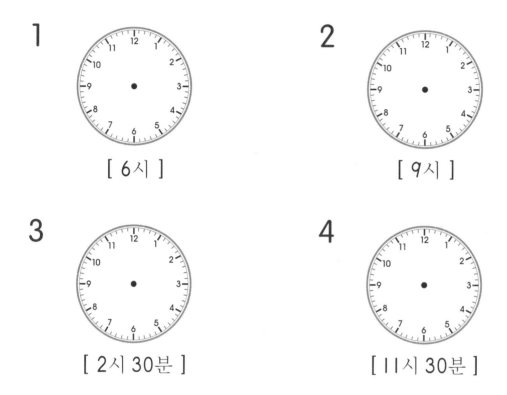

1　[6시]

2　[9시]

3　[2시 30분]

4　[11시 30분]

5 희선이네 가족들이 아침에 일어난 시각입니다. 일찍 일어난 차례
　로 기호를 쓰시오.

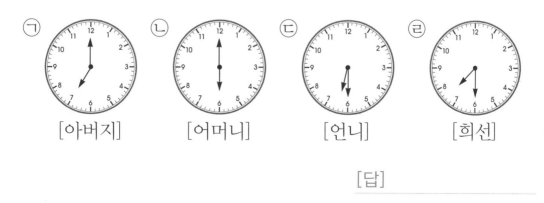

ㄱ [아버지]　　ㄴ [어머니]　　ㄷ [언니]　　ㄹ [희선]

[답]

문제 해결력 학습

👻 다음 □ 안에 알맞은 수를 써넣으시오.(6~10)

6 이슬이가 점심 식사를 하고 난 후에 시계를 보니 1시였습니다. 이때, 시계의 짧은바늘이 가리키는 숫자는 □ 입니다.

7 은진이가 아침에 일어나서 시계를 보았더니 7시 반이었습니다. 이때, 시계의 긴바늘은 숫자 □ 을 가리키고 있습니다.

8 시계의 긴바늘이 숫자 6을 가리키고 짧은바늘이 숫자 □ 와 □ 사이를 가리키고 있으면 5시 □ 분입니다.

9 시계의 짧은바늘과 긴바늘이 겹쳐지는 때는 □ 시입니다.

10 준우가 시계를 보았더니 12시 반이었습니다. 이때, 시계의 짧은바늘은 숫자 □ 와 □ 사이를 가리키고 있습니다.

✿ 이름 :

✿ 날짜 :

✿ 시간 :　　시　　분 ~　　시　　분

확인

 창의력 학습

숫자 12와 6만 표시된 시계가 있습니다. 지금 시각은 10시 30분입니다.
성진이는 동생에게 지금 시각을 물어 보았습니다. 동생은 거울에 비추어
진 시계를 보고 ○시 ○분이라고 말했습니다. 거울에 비친 시각을 아래
시계에 그려 보시오.

현재 시각

거울에 비친 시각

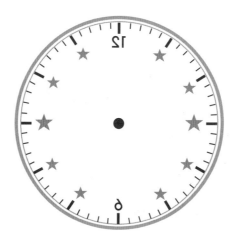

영선이는 친구들과 기차를 타고 유적들이 많은 경주로 여행을 떠났습니다. 지금 시각은 기차가 출발하고 시계의 긴바늘이 1바퀴를 돈 12시입니다. 경주행 기차는 앞으로 긴바늘이 4바퀴 돌면 도착합니다. 출발한 시각과 도착할 시각을 시계에 그려 보시오.

출발한 시각   도착할 시각

창의력 학습

✿ 이름 :

✿ 날짜 :

✿ 시간 :   시   분 ~   시   분

확인

 경시 대회 예상 문제

1 시계의 긴바늘이 1바퀴 돌면 짧은바늘은 숫자가 쓰여진 눈금을 몇 칸 움직입니까?

[답]

2 시계의 긴바늘이 12바퀴 돌면 짧은바늘은 몇 바퀴 돕니까?

[답]

3 시계의 긴바늘과 짧은바늘이 서로 반대 방향을 가리키는 시각은 어느 것입니까?

① 5시 30분   ② 3시   ③ 6시
④ 9시 30분   ⑤ 10시

4 시계의 긴바늘과 짧은바늘이 'ㄴ'자 모양이 되는 때는 몇 시입니까?

[답]

5 8시에서 시계의 긴바늘이 반 바퀴 돌면 몇 시 몇 분입니까?

[답]

6 12시 30분에서 시계의 긴바늘이 한 바퀴 돌면 몇 시 몇 분입니까?

[답]

7 은별이는 7시에 저녁을 먹었습니다. 저녁을 먹은 후 시계의 긴바늘이 2바퀴를 돈 다음에 잠자리에 들었습니다. 은별이가 잠자리에 든 시각은 몇 시입니까?

[답]

8 경수는 2시에 동화책을 읽기 시작해서 4시에 끝마쳤습니다. 경수가 동화책을 읽는 동안 시계의 긴바늘은 몇 바퀴 돌았습니까?

[답]

9 |시와 5시 사이에는 '몇 시 30분'이 모두 몇 번 있습니까?

[답]

10 태연이는 수학 공부를 시계의 긴바늘이 한 바퀴 돌 때까지 하였습니다. 수학 공부를 끝낸 시각이 오른쪽 시계와 같을 때, 태연이가 수학 공부를 시작한 시각을 왼쪽 시계에 나타내시오.

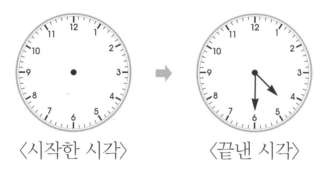

〈시작한 시각〉   〈끝낸 시각〉

11 10시를 나타내는 시계가 있습니다. 이 시계의 긴바늘이 4바퀴 반을 돌았습니다. 시계가 나타내는 시각을 오른쪽 시계에 그려 보시오.

12 한솔이는 오늘 학교에서 청소를 마치고 시계를 보니 |시보다는 늦고 2시보다는 이른 시각인데 시계의 긴바늘이 숫자 6을 가리키고 있었습니다. 한솔이가 오늘 청소를 마친 시각을 쓰시오.

[답]

13 친구들이 정훈이네 집에 도착한 시각입니다. 물음에 답하시오.

〈희진〉 　　　〈태윤〉 　　　〈윤지〉 　　　〈성호〉

(1) 희진이가 도착한 시각을 쓰시오. 　　[답]

(2) 태윤이가 도착한 시각을 쓰시오. 　　[답]

(3) 가장 빨리 도착한 사람부터 차례로 이름을 쓰시오.

[답]

14 규칙에 맞게 마지막 시계에 시곗바늘을 그려 넣고 그 시각을 쓰시오.

[답]

사고력도 탄탄! 창의력도 탄탄!

기탄고력수학

E5

E286a ~ E300b

학습 관리표

학습 내용		이번 주는?
확인 학습	· 10을 가르기와 모으기 ② · 덧셈과 뺄셈 (1) · 시계 · 창의력 학습 · 경시 대회 예상 문제 · 성취도 테스트	• 학습 방법 : ① 매일매일 ② 가끔 ③ 한꺼번에 　　　　　하였습니다. • 학습 태도 : ① 스스로 잘 ② 시켜서 억지로 　　　　　하였습니다. • 학습 흥미 : ① 재미있게 ② 싫증내며 　　　　　하였습니다. • 교재 내용 : ① 적합하다고 ② 어렵다고 ③ 쉽다고 　　　　　하였습니다.
지도 교사가 부모님께		**부모님이 지도 교사께**
평가	Ⓐ 아주 잘함　　　　Ⓑ 잘함　　　　Ⓒ 보통　　　　Ⓓ 부족함	

원(교)　　　　반　　이름　　　　　　전화

기초부터 탄탄하게
G 기탄교육
www.gitan.co.kr / (02)586-1007(대)

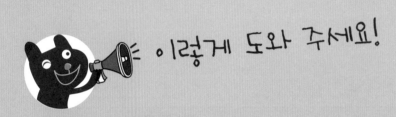
이렇게 도와 주세요!

● 학습 목표
– 10이 되는 더하기를 하고 덧셈식으로 나타낼 수 있다.
– 10에서 빼기를 하고 뺄셈식으로 나타낼 수 있다.
– 받아올림과 받아내림이 없는 두 자리 수끼리의 덧셈, 뺄셈을 할 수 있다.
– 덧셈식과 뺄셈식의 관계를 알 수 있다.
– 실생활에서 덧셈과 뺄셈을 이용하여 문제를 해결할 수 있다.
– 몇 시, 몇 시 30분을 읽을 수 있고, 모형 시계에 나타낼 수 있다.

● 지도 내용
– 반구체물과 수직선을 통해 10이 되는 덧셈식과 10에서 빼는 뺄셈식을 만들어 보게
  한다.
– 받아올림이나 받아내림이 없는 가로셈과 세로셈의 덧셈, 뺄셈을 해 보게 한다.
– 덧셈식과 뺄셈식의 관계를 알고, 덧셈식을 뺄셈식으로 고치고 뺄셈식을 덧셈식으로
  고치는 연습을 해 보게 한다.
– 시계를 보고 읽을 수 있고, 모형 시계에 나타내는 연습을 해 보게 한다.

● 지도 요점
앞에서 학습한 10을 가르기와 모으기 ②, 받아올림과 받아내림이 없는 덧셈과 뺄셈, 시
계를 확인 학습하는 주입니다.
기본 문제와 함께 한 단계 높은 수준의 문제들도 풀어 보면서 어린이의 실력을 높일
수 있도록 지도합니다. 또, 어느 부분이 가장 취약한지 알아보고 부족한 부분은 다시
학습할 수 있도록 합니다.

E-286a

🐸 이름 :

🐸 날짜 :

🐸 시간 :   시   분 ~   시   분

확인

🐸 다음 그림을 보고 □ 안에 알맞은 수를 써넣으시오.(1~4)

1

$4+6=$ ☐

2

$8+2=$ ☐

3

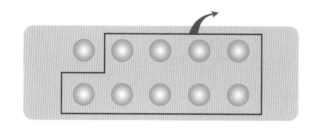

$10-9=$ ☐

4

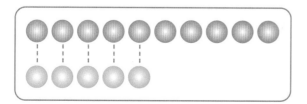

$10-5=$ ☐

E-286b

다음 계산을 하시오.(5~16)

5 9+1 =

6 3+7 =

7 5+5 =

8 6+4 =

9 7+3 =

10 2+8 =

11 10−4 =

12 10−8 =

13 10−1 =

14 10−3 =

15 10−7 =

16 10−6 =

확인 학습

✿ 이름 :

✿ 날짜 :

✿ 시간 :   시   분 ~   시   분

확인

😃 다음 그림을 보고 ☐ 안에 알맞은 수를 써넣으시오.(1~4)

1

$9 + \boxed{} = 10$

2

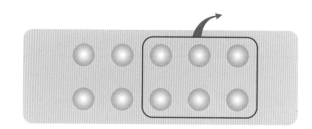

$\boxed{} + 5 = 10$

3

$10 - \boxed{} = 4$

4

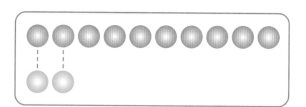

$10 - \boxed{} = 8$

확인 학습

👻 다음 그림을 보고 ☐ 안에 알맞은 수를 써넣으시오.(5~8)

5

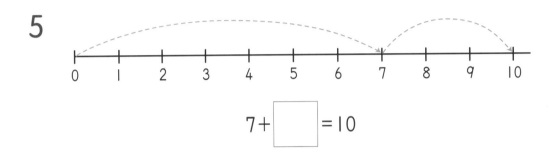

$$7 + \boxed{} = 10$$

6

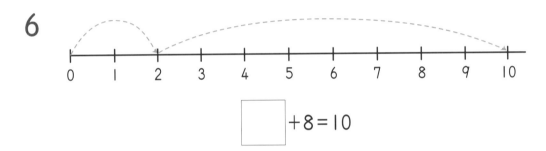

$$\boxed{} + 8 = 10$$

7

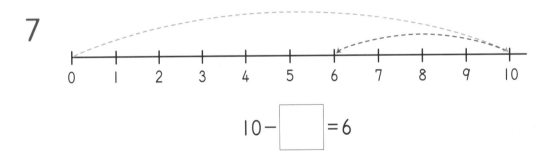

$$10 - \boxed{} = 6$$

8

$$10 - \boxed{} = 5$$

확인 학습

E-288a

✿ 이름 :

✿ 날짜 :

✿ 시간 :　　　시　　　분 ~　　　시　　　분

확인

😃 다음 ☐ 안에 알맞은 수를 써넣으시오.(1~10)

1　7+ ☐ =10

2　☐ +6=10

3　5+ ☐ =10

4　☐ +4=10

5　3+ ☐ =10

6　☐ +2=10

7　1+ ☐ =10

8　☐ +0=10

9　9+ ☐ =10

10　☐ +8=10

👻 다음 ☐ 안에 알맞은 수를 써넣으시오.(11~20)

11 10 - ☐ = 1

12 10 - ☐ = 7

13 10 - ☐ = 4

14 10 - ☐ = 8

15 10 - ☐ = 2

16 10 - ☐ = 6

17 10 - ☐ = 3

18 10 - ☐ = 9

19 10 - ☐ = 5

20 10 - ☐ = 10

확인 학습

✿ 이름 :

✿ 날짜 :

✿ 시간 :　　　시　　　분 ~　　　시　　　분

🐸 구슬을 10개씩 실에 꿰어 놓았습니다. 그림을 보고 덧셈식과 뺄셈식을 만들어 보시오.(1~4)

1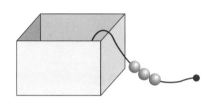

$\boxed{} + \boxed{} = 10$

$10 - \boxed{} = \boxed{}$

2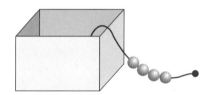

$\boxed{} + \boxed{} = 10$

$10 - \boxed{} = \boxed{}$

3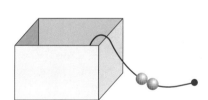

$\boxed{} + \boxed{} = 10$

$10 - \boxed{} = \boxed{}$

4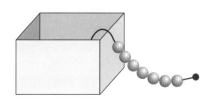

$\boxed{} + \boxed{} = 10$

$10 - \boxed{} = \boxed{}$

5 그림을 보고 □ 안에 알맞은 수를 써넣으시오.

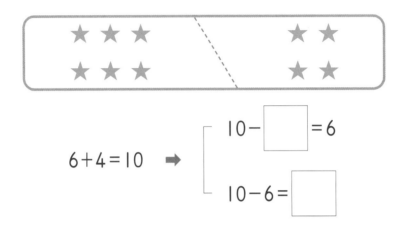

$6+4=10$ ➡
$10-\boxed{}=6$
$10-6=\boxed{}$

6 빨간색, 노란색, 파란색의 세 가지 색연필이 있습니다. 노란색 색연필은 파란색 색연필보다 3자루 더 적고, 파란색 색연필은 빨간색 색연필보다 6자루 더 많습니다. 빨간색 색연필이 4자루이면 노란색 색연필은 몇 자루입니까?

[답]

7 수연이는 사탕을 10개 가지고 있었습니다. 그중에서 2개는 친구에게 주고, 나머지는 동생과 똑같이 나누어 가졌습니다. 동생은 몇 개를 가졌습니까?

[답]

 확인 학습

✿ 이름 :

✿ 날짜 :

✿ 시간 :　　 시　　분 ～　　시　　분

확인

😊 다음 그림을 보고 ☐ 안에 알맞은 수를 써넣으시오.(1~4)

1

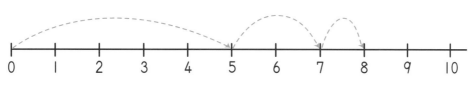

$5+2+1=$ ☐

2

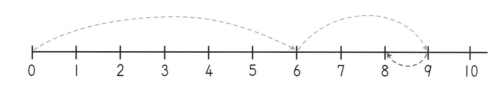

$6+3-1=$ ☐

3

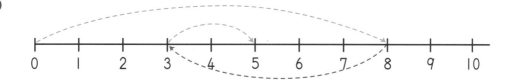

$8-5+2=$ ☐

4

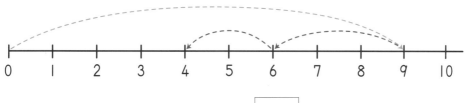

$9-3-2=$ ☐

👻 다음 ☐ 안에 알맞은 수를 써넣으시오.(5~10)

5 3 + 2 + 1 = ☐

6 4 + 5 − 6 = ☐

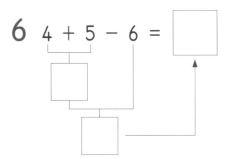

7 7 − 5 + 6 = ☐

8 8 − 4 − 2 = ☐

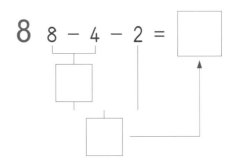

9 1 + 3 − 3 = ☐

10 5 − 1 + 4 = ☐

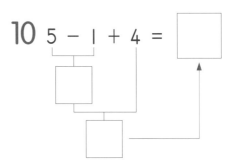

☀ 이름 :

☀ 날짜 :

☀ 시간 :　　시　　분 ~ 　　시　　분

확인

🐸 다음 계산을 하시오.(1~12)

1 5+2+2＝ ☐

2 1+2+3＝ ☐

3 3+5−6＝ ☐

4 3+6−4＝ ☐

5 3−2+1＝ ☐

6 6−4+2＝ ☐

7 5−2−3＝ ☐

8 9−2−6＝ ☐

9 2+3+3＝ ☐

10 6+1−2＝ ☐

11 5−3+4＝ ☐

12 8−3−4＝ ☐

확인 학습

👻 다음 그림을 보고 ☐ 안에 알맞은 수를 써넣으시오.(13~16)

13

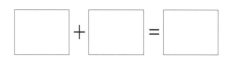

☐ + ☐ = ☐

14

☐ + ☐ = ☐

15

☐ − ☐ = ☐

16

☐ − ☐ = ☐

E-292a

✿ 이름 :

✿ 날짜 :

✿ 시간 : 　시　　분 ~ 　시　　분

확인

😊 다음 계산을 하시오.(1~10)

1
```
   1 0
+  4 0
```

2 60+6=

3
```
   9 1
+    7
```

4 11+18=

5
```
   2 8
+  5 0
```

6 4+53=

7
```
     9
+  2 0
```

8 20+10=

9
```
   2 4
+  2 2
```

10 65+30=

확인 학습

E-292b

다음 계산을 하시오.(11~20)

11
```
   7 2
 - 3 2
```

12 $90-50=$

13
```
   5 7
 -   4
```

14 $81-20=$

15
```
   8 0
 - 7 0
```

16 $98-65=$

17
```
   9 6
 - 7 3
```

18 $36-2=$

19
```
   8 3
 - 1 0
```

20 $46-11=$

확인 학습

❋ 이름 :

❋ 날짜 :

❋ 시간 :　시　분~　시　분

확인

1 어머니께서 시장에서 사과 **13**개와 배 **6**개를 사 오셨습니다. 물음에 답하시오.

(1) 과일은 모두 몇 개인지 덧셈식으로 알아보시오.

(2) 사과의 수를 나타내는 뺄셈식을 써 보시오.

(3) 배의 수를 나타내는 뺄셈식을 써 보시오.

2 덧셈식을 보고 뺄셈식을 써 보시오.

(1) $5+64=69$ ➡

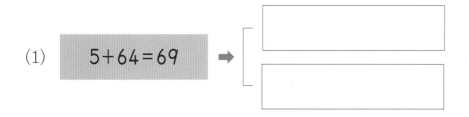

(2) $31+45=76$ ➡

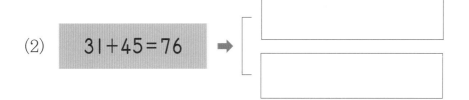

3 놀이터에서 어린이 **15**명이 놀고 있습니다. 그중에서 **3**명이 집으로 돌아갔습니다. 물음에 답하시오.

(1) 놀이터에 남아 있는 어린이가 몇 명인지 뺄셈식으로 알아보시오.

$$\boxed{} - \boxed{} = \boxed{}$$

(2) 처음에 놀이터에서 놀고 있던 어린이는 모두 몇 명이었는지 덧셈식을 써 보시오.

$$\boxed{3} + \boxed{} = \boxed{}$$

4 뺄셈식을 보고 덧셈식을 써 보시오.

(1) $78-5=73$ ➡
$$\boxed{}$$
$$\boxed{}$$

(2) $39-18=21$ ➡
$$\boxed{}$$
$$\boxed{}$$

E-294a

★ 이름 :

★ 날짜 :

★ 시간 :   시   분 ~   시   분

확인

1 7명이 타고 있던 버스에 첫째 정류장에서 1명이 더 타고 둘째 정류장에서 3명이 내렸습니다. 지금 버스 안에는 몇 명이 타고 있습니까?

[식]   [답]

2 성희는 동화책을 50권 가지고 있습니다. 오늘 어머니와 함께 서점에서 4권을 더 사 왔습니다. 성희가 가지고 있는 동화책은 모두 몇 권이 되었습니까?

[식]   [답]

3 구슬을 경호는 24개, 승희는 51개 가지고 있습니다. 두 사람이 가지고 있는 구슬은 모두 몇 개입니까?

[식]   [답]

4 하경이는 색연필 25자루를 가지고 있습니다. 그중에서 5자루를 친구에게 빌려 주었습니다. 남아 있는 색연필은 몇 자루입니까?

[식]   [답]

확인 학습

5 밤을 소영이는 46개, 보람이는 31개를 주웠습니다. 소영이는 보람이보다 몇 개 더 많이 주웠습니까?

[식]   [답]

6 어떤 수에 42를 더했더니 48이 되었습니다. 어떤 수는 얼마입니까?

[답]

7 20에 어떤 수를 더했더니 95가 되었습니다. 어떤 수는 얼마입니까?

[답]

8 67에서 어떤 수를 뺐더니 64가 되었습니다. 어떤 수는 얼마입니까?

[답]

9 어떤 수에서 31을 뺐더니 26이 되었습니다. 어떤 수는 얼마입니까?

[답]

 확인 학습

✿ 이름 :

✿ 날짜 :

✿ 시간 :   시   분 ~   시   분

확인

🐸 다음 시계는 준우가 일어난 시각을 나타낸 것입니다. ☐ 안에 알맞은 수를 써넣으시오.(1~3)

1 시계의 긴바늘은 숫자 ☐ 를 가리킵니다.

2 시계의 짧은바늘은 숫자 ☐ 을 가리킵니다.

3 준우는 ☐ 시에 일어났습니다.

🐸 다음 시계는 정훈이가 학교에 도착한 시각을 나타낸 것입니다. ☐ 안에 알맞은 수를 써넣으시오.(4~6)

4 시계의 긴바늘은 숫자 ☐ 을 가리킵니다.

5 시계의 짧은바늘은 숫자 ☐ 과 ☐ 사이를 가리킵니다.

6 정훈이는 ☐ 시 ☐ 분에 학교에 도착하였습니다.

확인 학습

다음 시각을 읽어 보시오.(7~12)

7

[   ]

8

[   ]

9

[   ]

10

[   ]

11

[   ]

12

[   ]

확인 학습

✿ 이름 :
✿ 날짜 :
✿ 시간 : 시   분 ~ 시   분

확인

😃 다음 시각에 맞게 시곗바늘을 바르게 그려 넣으시오.(1~6)

1

[3시 30분]

2

[7시 반]

3
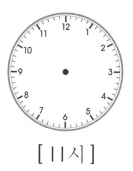

[11시]

4

[9시 30분]

5

[2시 반]

6

[10시 30분]

확인 학습

[   ] 안을 읽어 본 후, '몇 시' 또는 '몇 시 30분'인지 모형 시계에 시곗 바늘을 바르게 그려 넣으시오.(7~12)

7

[두 시곗바늘이 겹쳐질 때의 시각]

8

[12시와 1시 가운데의 시각]

9

[두 시곗바늘이 서로 반대 방향일 때의 시각]

10

[두 시곗 바늘이 'ㄴ'자 모양일 때의 시각]

11

[12시에서 긴바늘이 1바퀴 돈 시각]

12

[1시에서 긴바늘이 반 바퀴 돈 시각]

✿ 이름 :

✿ 날짜 :

✿ 시간 :   시   분 ~   시   분

확인

🐸 다음은 진아가 일요일 낮 동안에 한 일입니다. 물음에 답하시오.(1~2)

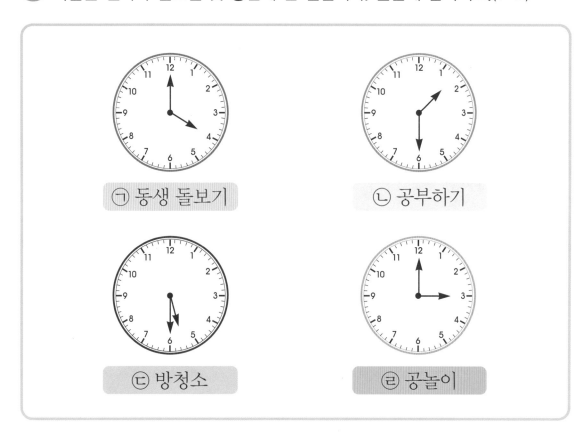

ㄱ 동생 돌보기

ㄴ 공부하기

ㄷ 방청소

ㄹ 공놀이

1 가장 먼저 한 일은 무엇인지 기호를 쓰시오.

[답]

2 낮 동안에 한 일의 순서대로 기호를 쓰시오.

[답]

확인 학습

3 시계의 긴바늘은 숫자 12를 가리키고, 짧은바늘은 숫자 1을 가리키고 있습니다. 이 시계가 나타내는 시각을 말해 보시오.

[답]

4 시계의 긴바늘은 숫자 6을 가리키고, 짧은바늘은 숫자 4와 5 사이를 가리키고 있습니다. 이 시계가 나타내는 시각을 말해 보시오.

[답]

5 시각을 모형 시계에 나타내시오.

 →

6 오른쪽 시계에서 긴바늘이 1바퀴 돌면 몇 시입니까?

[답]

✿ 이름 :

✿ 날짜 :

✿ 시간 :　시　분 ~ 　시　분

🔵 창의력 학습

답을 구하고 아래 크레파스와 같은 색으로 칠하시오.

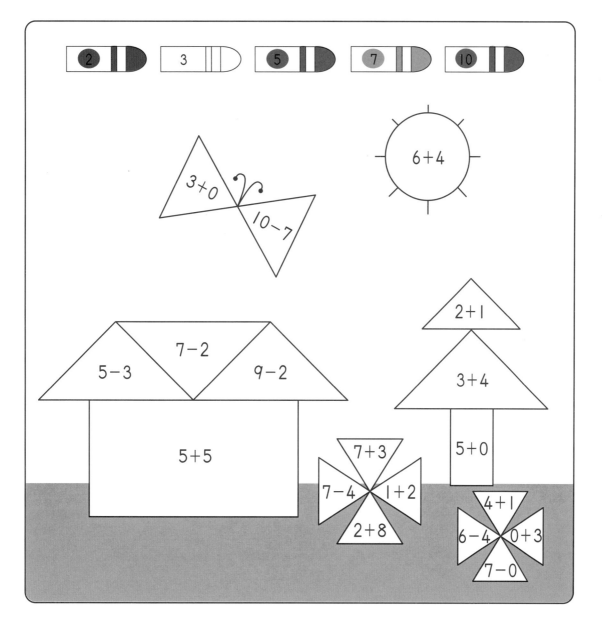

계산한 결과가 **20**보다 작은 것에 노란색을 칠해 보시오. 어떤 그림이 보입니까?

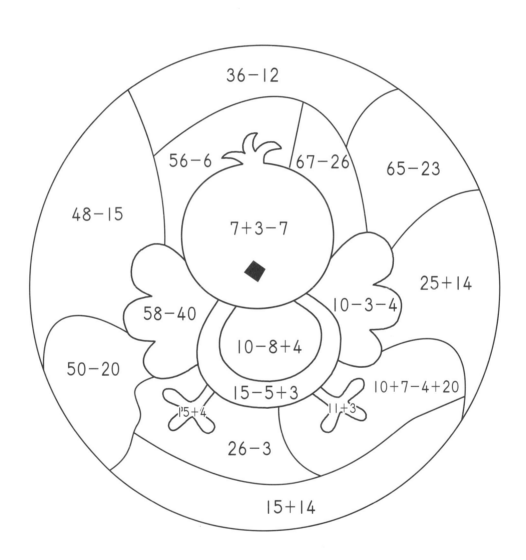

✿ 이름 :

✿ 날짜 :

✿ 시간 :   시   분 ~   시   분

확인

 경시 대회 예상 문제

1 석민이는 파란색 구슬 2개, 노란색 구슬 5개, 빨간색 구슬 3개를 가지고 있습니다. 그중에서 6개를 동생에게 주었습니다. 남은 구슬은 몇 개입니까?

[답]

2 현진이와 창호는 사탕을 각각 10개씩 가지고 있습니다. 그중에서 현진이는 5개를 먹었고, 창호는 2개를 먹었습니다. 누가 몇 개 더 많이 남았습니까?

[답]   ,

3 □ 안에 들어갈 수가 작은 것부터 차례로 기호를 쓰시오.

㉠ 6+□=10, ㉡ □+8=10, ㉢ 10-□=1, ㉣ 10-□=7

[답]

4 덧셈과 뺄셈을 이용하여 빈 곳에 알맞게 써넣으시오.

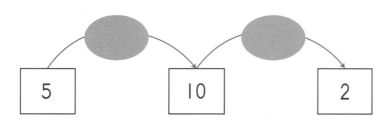

5 식이 맞도록 1부터 9까지의 숫자 중에서 □ 안에 알맞은 숫자를 써넣으시오.

$$\square + \square + \square = 10, \qquad \square + \square + \square = 10$$

$$\square - \square + \square = 10, \qquad \square - \square + \square = 10$$

6 계산한 값이 작은 것부터 차례로 기호를 쓰시오.

> ㉠ 5+52,　㉡ 13+43,　㉢ 59−4,　㉣ 98−40

[답]

7 □ 안에 알맞은 숫자를 써넣으시오.

(1) $\square\,3 + 4\,\square = 68$　　　　(2) $7\,\square - \square\,4 = 45$

8 2 , 4 , 5 3장의 숫자 카드가 있습니다. 이 중에서 2장을 골라 몇 십 몇을 만들려고 합니다. 만들 수 있는 가장 큰 수와 가장 작은 수의 합과 차를 각각 구하시오.

[답] 합 :　　　　　, 차 :

9 새롬이는 색종이를 76장 가지고 있었습니다. 오늘 미술 시간에 52장을 사용하고, 집에 올 때 15장을 새로 샀습니다. 새롬이가 지금 가지고 있는 색종이는 몇 장입니까?

[답]

10 엄마의 나이는 34살이고 이모의 나이는 엄마보다 3살 더 적습니다. 고모의 나이는 이모보다 6살 더 많습니다. 고모의 나이는 몇 살입니까?

[답]

11 농장에 닭과 오리가 모두 25마리 있습니다. 닭은 오리보다 5마리 더 많습니다. 오리는 몇 마리 있습니까?

[답]

12 어떤 수에서 32를 빼야 할 것을 잘못하여 더하였더니 87이 되었습니다. 바르게 계산하면 얼마입니까?

[답]

13 시계의 긴바늘이 숫자 6을 가리키고, 짧은바늘이 숫자 3과 4 사이를 가리킬 때의 시각을 말해 보시오.

[답]

14 다은이는 시계의 긴바늘이 숫자 6을 가리키고 짧은바늘이 숫자 11과 12 사이를 가리킬 때 피아노를 치기 시작하여, 긴바늘이 1바퀴 돈 후에 끝마쳤습니다. 다은이가 피아노 치기를 끝마친 시각을 말해 보시오.

[답]

15 경민이는 2시에 공부를 시작하여 4시에 끝마쳤습니다. 경민이가 공부하는 동안 시계의 긴바늘은 몇 바퀴 돌았습니까?

[답]

16 은비는 오늘 아침에 일어나서 시계의 긴바늘이 1바퀴 도는 동안 학교갈 준비를 하였습니다. 집에서 학교로 출발할 때 시계를 보니, 시계의 긴바늘이 숫자 6을 가리키고 짧은바늘이 숫자 8과 9 사이를 가리키고 있었습니다. 은비가 오늘 일어난 시각을 말해 보시오.

[답]

☐ 20~18문항 : Ⓐ 아주 잘함 　　학습한 교재에 대한 성취도가 매우 높습니다. ➡ **다음 단계인 E⑥집으로 진행하십시오.**
☐ 17~15문항 : Ⓑ 잘함 　　　학습한 교재에 대한 성취도가 충분합니다. ➡ **다음 단계인 E⑥집으로 진행하십시오.**
☐ 14~12문항 : Ⓒ 보통 　　　다음 단계로 나가는 능력이 약간 부족합니다. ➡ E⑤집을 복습한 다음 E⑥집으로 진행하십시오.
☐ 11문항 이하 : Ⓓ 부족함 　　다음 단계로 나가기에는 능력이 아주 부족합니다. ➡ E⑤집을 처음부터 다시 학습하십시오.

1. ☐ 안에 알맞은 수를 써넣으시오.

(1) $3 + \boxed{} = 10$ 　　　　(2) $\boxed{} + 5 = 10$

(3) $6 + \boxed{} = 10$ 　　　　(4) $\boxed{} + 8 = 10$

2. ☐ 안에 알맞은 수를 써넣으시오.

(1) $10 - \boxed{} = 4$ 　　　　(2) $10 - \boxed{} = 7$

(3) $10 - 5 = \boxed{}$ 　　　　(4) $10 - 1 = \boxed{}$

3. 재준이는 종이비행기를 어제는 3개를 접었고, 오늘은 4개를 접었습니다. 앞으로 종이비행기 몇 개를 더 접으면 10개가 됩니까?

[답]

4. 덧셈식을 보고 □ 안에 알맞은 수를 써넣으시오.

$$1+9=10$$

$$10 - \boxed{} = 1$$

$$10 - \boxed{} = 9$$

5. 지수는 가지고 있던 사탕 10개 중에서 동생에게 몇 개를 주었더니 2개가 남았습니다. 지수가 동생에게 준 사탕은 몇 개입니까?

[답]

6. 같은 것끼리 선으로 이어 보시오.

3+1+4	·	·	6
5+3-1	·	·	7
7-3+5	·	·	8
9-1-2	·	·	9

7. 그림을 보고 ☐ 안에 알맞은 수를 써넣으시오.

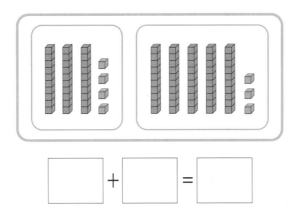

☐ + ☐ = ☐

8. 그림을 보고 ☐ 안에 알맞은 수를 써넣으시오.

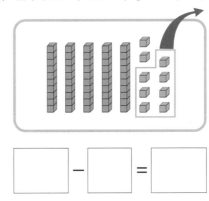

☐ - ☐ = ☐

9. 계산을 하시오.

(1)
```
    2
+ 4 6
```

(2)
```
  6 8
- 2 3
```

(3) 51 + 18 =

(4) 76 - 4 =

10. 민제는 동화책을 어제까지 **85**쪽 읽었습니다. 오늘 **12**쪽을 더 읽 었다면, 민제는 동화책을 모두 몇 쪽 읽었습니까?

[식]   [답]

11. 빈 곳에 알맞은 수를 써넣으시오.

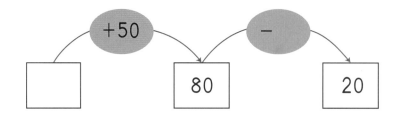

12. 어떤 수에서 **13**을 뺐더니 **45**가 되었습니다. 어떤 수는 얼마입 니까?

[답]

13. 4장의 숫자 카드 1 , 2 , 3 , 4 중에서 2장을 골라 몇 십 몇 을 만들려고 합니다. 만들 수 있는 가장 큰 수와 가장 작은 수의 합 과 차를 각각 구하시오.

[답] 합 :   , 차 :

14. 시계를 보고 시각을 말하시오.

(1)

[답]

(2)

[답]

15. 시계의 짧은바늘이 숫자 **2**를 가리키고, 긴바늘이 숫자 **12**를 가리키고 있습니다. 이 시계가 나타내는 시각을 말하시오.

[답]

16. 시계의 긴바늘이 숫자 **6**을 가리키고, 짧은바늘이 숫자 **7**과 **8** 사이를 가리키고 있습니다. 이 시계가 나타내는 시각을 말하시오.

[답]

17. 시각에 맞게 시곗바늘을 바르게 그려 넣으시오.

(1)

[11시]

(2)

[4시 30분]

18. 시계의 긴바늘과 짧은바늘이 서로 반대 방향을 가리키는 시각은 어느 것입니까?

① 9시 30분   ② 3시   ③ 9시

④ 12시 30분   ⑤ 6시

다음은 점심을 먹기 전의 시각을 나타낸 것입니다. 물음에 답하시오.(19~20)

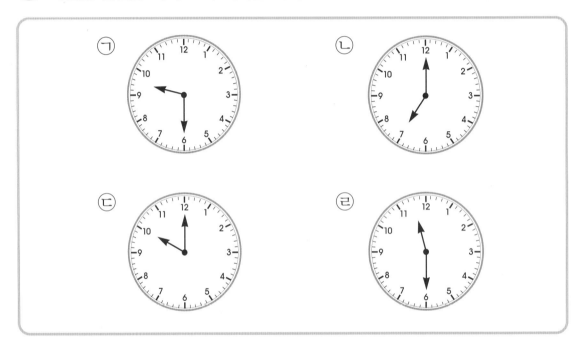

19. 시각이 빠른 순서대로 기호를 쓰시오.

[답]

20. 모형 시계 ㉠에서 긴바늘이 2바퀴 돌고 난 후의 시각은 어느 것인 지 기호를 쓰시오.

[답]

241a 1. 10 2. 10 3. 10

241b 4. 10, 10 5. 10, 10
6. 10, 10

242a 1. 10, 10 2. 6, 6

242b 3. 7, (7, 10) 4. 8, (8, 10)

243a 1. 4, 6 2. 5, 5
3. 3, 7 4. 1, 9

243b 5. 2, 8 6. 6, 4
7. 8, 2 8. 9, 1

244a 1. 8, 8 2. 4, 4
3. 2, 2 4. 1, 1

244b 5. 4, 4 6. 5, 5
7. 3, 3 8. 1, 1

245a 1. 10, 10 2. 10, 10
3. 10, 10

245b 4. 10, 10 5. 10, 10
6. 10, 10

246a 1. 10, 10 2. 10, 10
3. 10, 10 4. 10, 10
5. 10, 10

246b 6. 7 7. 2 8. 1
9. 5 10. 6 11. 9
12. 4 13. 3 14. 8
15. 10

247a 1. 7 2. 7
3. 7

247b 4. 8, 8 5. 3, 3
6. 2, 2

248a 1. 5, 5 2. 7, 7
3. 6, 6

248b 4. 2, (2, 8) 5. 6, (6, 4)
5. 9, (9, 1)

249a 1. 10, 5 2. 10, 4
3. 10, 3

249b 4. 6, 6 5. 7, 7
6. 9, 9

250a 1. 7, 7 2. 6, 6
3. 4, 4

250b 4. 5, 5 5. 6, 6
6. 7, 7 7. 8, 8
8. 9, 9

251a 1. 7 2. 1 3. 3
4. 6 5. 9 6. 2
7. 5 8. 10 9. 8
10. 4

251b 11.

12. (1) 7 (2) 8 (3) 5 (4) 1

13. (6, 4) 또는 (4, 6)/
(6, 4) 또는 (4, 6)

252a

1. [식] 8+2=10　　　[답] 10대

2. [식] 6+4=10　　　[답] 10마리

3. [식] 1+9=10　　　[답] 10마리

4. [식] 3+7=10　　　[답] 10개

252b

5. [식] 10-3=7　　　[답] 7마리

6. [식] 10-6=4　　　[답] 4개

7. [식] 10-8=2　　　[답] 2대

8. [식] 10-5=5　　　[답] 5개

253a 창의력 학습

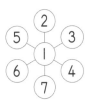

253b 창의력 학습 [예]

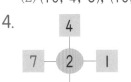

254a 경시 대회 예상 문제

1. (1) 10, 6, 4　　(2) 3, 7, 10

2. (1) 3　(2) 4　(3) 8　(4) 10

254b 경시 대회 예상 문제

3. (1) (10, 2), (10, 8)
　　(2) (10, 4, 6), (10, 6, 4)

4.

```
            ┌───┐
            │ 4 │
            └───┘
   ┌───┐   ┌───┐   ┌───┐
   │ 7 │   │ 2 │   │ 1 │
   └───┘   └───┘   └───┘
            ┌───┐
            │ 4 │
            └───┘
```

255a 경시 대회 예상 문제

5. (1) 10, 8　　　(2) 3, 8

6. (1) 10　　　　(2) 3

255b 경시 대회 예상 문제

7. 10장

8. 6개

9. 10자루

[풀이] 누리 : 5-2=3(자루)
　　　슬기 : 5-3=2(자루)
➡ 5+3+2=8+2=10(자루)

10. 6, 4

[풀이] 두 수의 합이 10인 경우는

큰 수	10	9	8	7	6
작은 수	0	1	2	3	4

입니다. 두 수의 차가 2라고 했으므로 두 수는 각각 6, 4입니다.

256a

1. (7, 9, 9), (7, 7, 9)

2. (6, 7, 7), (6, 6, 7)

3. (5, 8, 8), (5, 5, 8)

256b

4. (9, 7, 7), (9, 9, 7)

5. (6, 5, 5), (6, 6, 5)

6. (8, 2, 2), (8, 8, 2)

257a

1. (3, 7, 7), (3, 3, 7)

2. (2, 8, 8), (2, 2, 8)

3. (4, 5, 5), (4, 4, 5)

257b

4. (6, 2, 2), (6, 6, 2)

5. (4, 0, 0), (4, 4, 0)

6. (5, 3, 3), (5, 5, 3)

258a

1. 8　　　2. 6　　　3. 1

4. 3　　　5. 9　　　6. 9

7. 3　　　8. 1　　　9. 7

10. 2　　　11. 9　　　12. 1

258b 13.

9−4−3=2

3+3−5=1
9−7+2=4
7−1−3=3
7+1−2=6
1+2+2=5
7−6+6=7
5+2−4=3
5+1+2=8
6−2−3=1

9−1−2=6
2−1+1=2
1+3+5=9

259a　1. 15, 15　　　　2. 23, 23
　　　　3. 67, 67　　　　4. 92, 92
　　　　5. 34, 34

259b　6. 8, 48　　　　7. 5, 75
　　　　8. 0, 60　　　　9. 7, 97

260a　1. 49　　2. 68　　3. 85
　　　　4. 27　　5. 70　　6. 60
　　　　7. 36　　8. 98　　9. 72
　　　　10. 53

260b　11. 59　　12. 37　　13. 95
　　　　14. 76　　15. 90　　16. 80
　　　　17. 24　　18. 75　　19. 89
　　　　20. 46

261a　1. 36, 33, 69
　　　　2.

　　　　3. 58
　　　　풀이 가장 큰 수 : 42
　　　　　　 가장 작은 수 : 16
　　　　➡ 합 : 42+16=58

261b　4. [식] 10+8=18　　　[답] 18개
　　　　5. [식] 20+30=50　　[답] 50개
　　　　6. [식] 54+20=74　　[답] 74개
　　　　7. [식] 23+46=69　　[답] 69권

262a　1. 5, 45　　　　2. 3, 93
　　　　3. 0, 10　　　　4. 0, 20

262b　5. 4, 34　　　　6. 1, 61
　　　　7. 0, 50　　　　8. 2, 42

263a　1. 24　　2. 50　　3. 31
　　　　4. 42　　5. 20　　6. 60
　　　　7. 43　　8. 16　　9. 35
　　　　10. 24

263b　11. 47　　12. 30　　13. 26
　　　　14. 54　　15. 30　　16. 10
　　　　17. 27　　18. 35　　19. 12
　　　　20. 38

264a　1. 49, 33, 16
　　　　2.

　　　　3. 61
　　　　풀이 가장 큰 수 : 78
　　　　　　 가장 작은 수 : 17
　　　　➡ 차 : 78−17=61

264b　4. [식] 18−8=10　[답] 10정류장
　　　　5. [식] 50−30=20　[답] 20번
　　　　6. [식] 96−80=16　[답] 16쪽
　　　　7. [식] 59−41=18　[답] 18개

265a

1. (1) 4, 14 (2) 4, 10 (3) 10, 4

2. 45, 32

풀이 덧셈식을 보고 뺄셈식 만들기

하나의 덧셈식을 보고, 2개의 뺄셈식을 만들 수 있습니다.

265b

3. (34, 46), (46, 34)

4. (1) (59, 30, 29), (59, 29, 30)
   (2) (73, 41, 32), (73, 32, 41)

266a

1. (1) 5, 10 (2) 10, 15

2. 53, 26

풀이 뺄셈식을 보고 덧셈식 만들기

하나의 뺄셈식을 보고, 2개의 덧셈식을 만들 수 있습니다.

266b

3. (47, 25), (25, 47)

4. (1) (13, 35, 48), (35, 13, 48)
   (2) (32, 24, 56), (24, 32, 56)

267a

1. 8   2. 5   3. 6

4. 1   5. 46   6. 74

7. 52   8. 40   9. 58

10. 13

267b

11. 96−32=64, 96−64=32

12. 15+33=48, 33+15=48

13. [식] 9−7+6=8   [답] 8개

14. [식] 15+31=46   [답] 46장

268a 창의력 학습

솔 솔 라 라 솔 솔 미
솔 솔 미 미 레
솔 솔 라 라 솔 솔 미
솔 미 레 미 도

268b 창의력 학습

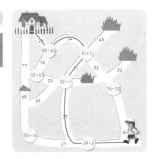

269a 경시 대회 예상 문제

1. 예 (9, 6, 2, 5), (5, 2, 6, 9)
   (9, 5, 2, 6), (6, 2, 5, 9)

2. (도형)

3. (1) <   (2) <

풀이 (1) (5+34=39) < (72−32=40)
   (2) (54−2=52) < (23+31=54)

269b 경시 대회 예상 문제

4. 90, 8, 98

풀이 낱개의 수는 낱개의 수끼리, 묶음의 수는 묶음의 수끼리 더합니다.

5. 20, 4, 24

풀이 낱개의 수는 낱개의 수끼리, 묶음의 수는 묶음의 수끼리 뺍니다.

6. 33, 37, 68, 61

풀이 78−45=33, 33+4=37
   37+31=68, 68−7=61

270a
경시 대회
예상 문제

7.

| 2 | 52 | 96 | 6 |
| 70 | 25 | 1 | 7 |

8.

| 8 | 33 | 76 | 1 |
| 46 | 3 | 89 | 2 |

9. (1)
```
    4 [3]
  + [4] 2
  ───────
    8  5
```
(2)
```
  [5] 8
  - 2 [2]
  ───────
    3  6
```

270b
경시 대회
예상 문제

10. 27마리
풀이 벌 : 15-3=12(마리)
➡ (나비)+(벌)=15+12=27(마리)

11. 65개
풀이 87-54=33(개)
33+32=65(개)

12. 20명
풀이 위인전을 읽은 학생 수
10+9=19(명)
위인전을 읽지 않은 학생 수
39-19=20(명)

13. 45장
풀이 남은 빨간색 : 32-11=21(장)
남은 노란색 : 36-12=24(장)
➡ 남은 색종이 : 21+24=45(장)

271a
1. ① 1, ② 2   2. ① 4, ② 9
3. ① 6, ② 11   4. ① 7, ② 12

271b
5.   6.

7.   8.

9.   10.

272a
1. 8   2. 2   3. 11
4. 5   5. 12   6. 1

272b
7. 6   8. 3   9. 8
10. 4   11. 7   12. 5

273a
1.   2.

3.   4.

5.   6.

273b
7.    8.

9.   10.

11.   12.

274a 1. 12   2. 4

274b 3. 12   4. 8   5. 8

     6. 긴   7. 짧은   8. 2

275a 1. 1   2. 3   3. 5

     4. 6   5. 10   6. 11

275b 7.

풀이 전자 시계 읽기
: 앞의 수는 '시'를 나타내고,
: 뒤의 수는 '분'을 나타냅니다.

8:00 ➡ 8시
시   분

8. ②

276a 1.   2.

3.   4.

5.   6.

276b 7. 같은   8. 오른쪽

     9. 빠르게   10. 12, 2

     11. 12

277a 1. 6   2. 9

     3. 30
     풀이 시계의 긴바늘이 숫자 6을
     가리키면 30분입니다.

277b 4. 6   5. 30

     6. 4   7. 4, 30

     8. 반
     풀이 '몇 시 30분'은 '몇 시 반'과
     같습니다.

278a 1. 1, 30   2. 3, 30

     3. 5, 30   4. 7, 30

     5. 12, 30   6. 9, 30

278b 7. 10, 반   8. 2, 반

     9. 6, 반   10. 4, 반

     11. 11, 반   12. 8, 반

279a 1.   2.

5.   6.

279b 7. 분   8. 6

     9. 6, 8   10. 6, 11

     11. 12

280a 1. 8, 30   2. 3

     3. 4, 30

280b 4. 아니요   5. 예

     6. 아니요   7. 예

     8. 예   9. 아니요

281a 1. 10시   2. 7시 30분(7시 반)

3. 4시 30분(4시 반)

4. 12시   5. 5시

6. 12시 30분(12시 반)

281b 7. 8, 8, 30

8. 1, 1, 30

9. 3, 30, 4

282a 1.   2.

3.   4.

5. ㉡, ㉢, ㉠, ㉣

282b 6. 1   7. 6

8. 5, 6, 30   9. 12

10. 12, 1

283a

283b

출발한 시각   도착할 시각

284a
1. 1칸

풀이 시계의 긴바늘과 짧은바늘은 같은 방향으로 움직이고, 이때 긴바늘이 1바퀴 돌면 짧은바늘은 숫자가 쓰여진 눈금을 1칸 움직입니다.

2. 1바퀴   3. ③   4. 3시

284b
5. 8시 30분

풀이 시계의 긴바늘이 반 바퀴 돌면 숫자 6을 가리키므로 8시 30분입니다.

6. 1시 30분

풀이 긴바늘이 한 바퀴 돌면 긴바늘은 숫자 6을 가리키고, 짧은바늘은 숫자 1과 2 사이를 가리키므로 1시 30분입니다.

7. 9시

풀이 긴바늘이 2바퀴 돌면 긴바늘은 숫자 12를 가리키고, 짧은바늘은 숫자 9를 가리키므로 9시입니다.

8. 2바퀴

풀이 2시에서 시계의 긴바늘이 1바퀴 돌면 3시, 3시에서 시계의 긴바늘이 1바퀴 돌면 4시이므로 긴바늘은 2바퀴 돌았습니다.

285a
9. 4번

풀이 1시 30분, 2시 30분, 3시 30분, 4시 30분이 있습니다.

10.

풀이 시계의 긴바늘이 한 바퀴 돌면 짧은바늘은 숫자가 쓰여진 눈금을 1칸 움직입니다.

11.

풀이 10시에서 시계의 긴바늘이 4바퀴 돌면 2시이고, 반 바퀴를 더 돌았으므로 2시 30분입니다.

12. 1시 30분(1시 반)

285b
13. (1) 2시 30분(2시 반)   (2) 3시
    (3) 윤지, 희진, 태윤, 성호

풀이 (1) 시계의 긴바늘이 숫자 6을 가리키고 짧은바늘이 숫자 2와 3 사이를 가리키고 있으므로 2시 30분입니다.

14. , 1시 30분

풀이 시계의 긴바늘이 반 바퀴씩 움직이는 규칙이므로, 1시에서 긴바늘이 반 바퀴 움직이면 1시 30분입니다.

286a
1. 10   2. 10
3. 1   4. 5

286b
5. 10   6. 10   7. 10
8. 10   9. 10   10. 10
11. 6   12. 2   13. 9
14. 7   15. 3   16. 4

287a
1. 1   2. 5
3. 6   4. 2

287b
5. 3   6. 2
7. 4   8. 5

288a
1. 3   2. 4   3. 5
4. 6   5. 7   6. 8
7. 9   8. 10   9. 1
10. 2

288b
11. 9   12. 3   13. 6
14. 2   15. 8   16. 4
17. 7   18. 1   19. 5
20. 0

289a
1. 예 (7, 3), (3, 7)
2. 예 (6, 4), (4, 6)
3. 예 (8, 2), (2, 8)
4. 예 (3, 7), (7, 3)

289b
5. 4, 4

6. 7자루   풀이
(파란색 색연필)=4+6=10(자루)
(노란색 색연필)=10-3=7(자루)

7. 4개   풀이 친구에게 주고 남은 사탕은 10-2=8(개)이고, 8=4+4이므로 동생은 4개를 가졌습니다.

290a
1. 8   2. 8
3. 5   4. 4

290b
5. 5, 6, 6   6. 9, 3, 3
7. 2, 8, 8   8. 4, 2, 2
9. 4, 1, 1   10. 4, 8, 8

291a
1. 9   2. 6   3. 2
4. 5   5. 2   6. 4
7. 0   8. 1   9. 8
10. 5   11. 6   12. 1

291b
13. 5, 50, 55   14. 45, 23, 68
15. 47, 5, 42   16. 56, 34, 22

292a
1. 50   2. 66   3. 98
4. 29   5. 78   6. 57
7. 29   8. 30   9. 46
10. 95

292b 11. 40   12. 40   13. 53

14. 61   15. 10   16. 33

17. 23   18. 34   19. 73

20. 35

293a 1. (1) 13, 6, 19   (2) 19, 6, 13

(3) 19, 13, 6

2. (1) 69−64=5, 69−5=64

(2) 76−45=31, 76−31=45

293b 3. (1) 15, 3, 12   (2) 3, 12, 15

4. (1) 73+5=78, 5+73=78

(2) 21+18=39, 18+21=39

294a 1. [식] 7+1−3=5   [답] 5명

2. [식] 50+4=54   [답] 54권

3. [식] 24+51=75   [답] 75개

4. [식] 25−5=20   [답] 20자루

294b 5. [식] 46−31=15   [답] 15개

6. 6   풀이 □+42=48

➡ 48−42=□, □=6

7. 75   풀이 20+□=95

➡ 95−20=□, □=75

8. 3   풀이 67−□=64

➡ 67−64=□, □=3

9. 57   풀이 □−31=26

➡ 26+31=□, □=57

295a 1. 12   2. 7   3. 7

4. 6   5. 8, 9   6. 8, 30

295b 7. 6시   8. 12시 30분

9. 9시   10. 6시 30분

11. 12시   12. 11시 30분

296a 1.   2.

3.   4.

5.   6.

296b 7.   8.

9.   10.

11.   12.

297a 1. ㉡

풀이 ㉠ 4시   ㉡ 1시 30분

㉢ 5시 30분   ㉣ 3시

2. ㉡, ㉣, ㉠, ㉢

297b 3. 1시   4. 4시 30분

5.

6. 11시

풀이 긴바늘이 1바퀴 돌면 짧은 바늘은 숫자가 쓰여진 눈금을 1칸 움직이므로 숫자 11을 가리킵니다.

298a
창의력 학습

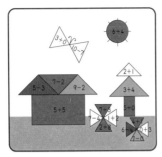

298b
창의력 학습

병아리,

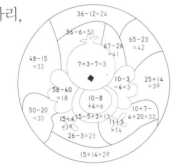

299a
경시 대회 예상 문제

1. 4개   2. 창호, 3개

3. ㄴ, ㄹ, ㄱ, ㄷ
풀이 ㄱ 4, ㄴ 2, ㄷ 9, ㄹ 3

4. +5, −8   풀이
5+□=10, 10−5=□, □=5
10−□=2, 10−2=□, □=8

299b
경시 대회 예상 문제

5. 예 1+2+7=10, 1+3+6=10
1+4+5=10, 2+3+5=10
2−1+9=10, 4−2+8=10
6−3+7=10, 8−5+7=10

6. ㄷ, ㄴ, ㄱ, ㄹ
풀이 ㄱ 57, ㄴ 56, ㄷ 55, ㄹ 58

7. (앞에서부터) (1) 2, 5 (2) 9, 3

8. 78, 30
풀이 합 : 54+24=78
차 : 54−24=30

300a
경시 대회 예상 문제

9. 39장   10. 37살

11. 10마리
풀이 25−5=20이고 20=10+10
입니다. 따라서 닭은 10+5=15(마리)이고, 오리는 10마리입니다.

12. 23   풀이 □+32=87
➡ 87−32=□, □=55
바른 계산 : 55−32=23

300b
경시 대회 예상 문제

13. 3시 30분

14. 12시 30분
풀이 긴바늘이 1바퀴 돌면 긴바늘은 숫자 6을 가리키고, 짧은바늘은 숫자 12와 1 사이를 가리키므로 12시 30분입니다.

15. 2바퀴

16. 7시 30분
풀이 긴바늘이 1바퀴 돌기 전은 긴바늘은 숫자 6을 가리키고, 짧은바늘은 숫자 7과 8 사이를 가리키므로 7시 30분입니다.

성취도 테스트

1. (1) 7 (2) 5 (3) 4 (4) 2
2. (1) 6 (2) 3 (3) 5 (4) 9
3. 3개   4. 9, 1   5. 8개
6. (교차)   7. 34, 53, 87
         8. 59, 7, 52
9. (1) 48 (2) 45 (3) 69 (4) 72
10. [식] 85+12=97 [답] 97쪽
11. 30, 60   12. 58   13. 55, 31
14. (1) 9시 (2) 7시 30분
15. 2시   16. 7시 30분
17. (1)   (2)

18. ⑤   19. ㄴ, ㄱ, ㄷ, ㄹ
20. ㄹ